Karl Schraid · Werkzeuge, Maschinen, Technik

Karl Schraid

Werkzeuge Maschinen Technik

Grundbegriffe der Fachsprache

Max Hueber Verlag

6. 5. 4. | Die letzten Ziffern
1993 92 91 90 89 | bezeichnen Zahl und Jahr des Druckes.
Alle Drucke dieser Auflage können, da unverändert, nebeneinander benutzt werden.
4. Auflage 1978

Gesamtherstellung: Friedrich Pustet, Regensburg
Printed in the Federal Republic of Germany
ISBN 3-19-001054-4

INHALT

VORWORT

Die in diesem Band zusammengestellten Texte sind vor allem für Ausländer gedacht, die bereits über Grundkenntnisse in der deutschen Sprache verfügen und sich mit der technischen Fachsprache vertraut machen wollen. Das Buch eignet sich für all diejenigen Lerner, die in einem gewerblich-technischen Beruf tätig sind oder tätig werden wollen und grundlegende Fachbegriffe bei ihrer täglichen Arbeit benötigen. Es handelt sich darüber hinaus um die Fachsprache, mit der der Student der Technik für sein Praktikum im Betrieb und als Grundlage zum Studium vertraut sein sollte.

Bei der Vielfalt technischer Ausdrücke ist es natürlich nicht möglich, Texte zusammenzustellen, die die Sprache aller technischen Gebiete vermitteln, man muß sich deshalb auf einige wichtige Teilgebiete beschränken.

So werden zunächst Werkzeuge mit ihren wichtigsten Funktionen beschrieben, und dadurch nicht nur die Namen, sondern auch die zu den Werkvorgängen notwendigen Verben eingeführt; an einer Maschine wird ein Arbeitsgang eingehender erklärt. Eine Wartungsvorschrift und Sicherheitsbestimmungen sind aufgenommen und damit Vorbilder für diese wichtigen Betriebsanweisungen gegeben. Einige einfache Grundbegriffe aus der Elektrotechnik werden in Theorie und Praxis dargestellt; für den technischen Fachtext wird ein Teilgebiet aus der Fernsehtechnik gewählt.

Da die Mathematik die Grundlage für alle Zweige des technischen Studiums bzw. der Ausbildung ist, werden diese Grundbegriffe ziemlich eingehend behandelt; denn hier muß sich der Ausländer über die Begriffe klar sein, wenn ihm die Vorlesungen nicht unverständlich bleiben sollen.

Es wurde besonderer Wert darauf gelegt, die wichtigsten Begriffe durch Formeln, Zeichnungen und Abbildungen zu klären; die Erklärung schwieriger Wörter erforderte deshalb keinen eigenen Anhang, sondern konnte in Fußnoten angefügt werden.

Der Ausländer, der diesen Band durchgearbeitet hat, wird noch nicht den gesamten technischen Wortschatz beherrschen. Er wird aber in der Lage sein, in den hier besprochenen wichtigen Gebieten zu verstehen und zu lesen, und hat eine Grundlage, nach der er den Wortschatz für sein eigentliches Fachgebiet unschwer ergänzen kann.

Die Herausgeber

DIE WERKZEUGE

A) **Die wichtigsten Werkzeuge für die Metallverarbeitung**

Die besten Hilfsmittel für den Handwerker sind die Werkzeuge. Wir müssen dafür sorgen, daß sie immer in einwandfreiem Zustand sind.

Die Anreißplatte [1.1] verwenden wir nur zum Auflegen von Werkstücken. Ungleichmäßige Werkstücke [1.2] werden durch Böckchen mit Schraubspindel [1.3] und Stützwinkel [1.4] ausgerichtet und zylindrische Teile [1.5] (z.B. Wellen) im Prismenstück [1.6] gelagert. Der Mittelpunkt von Rundstahl wird mit Hilfe des Zentrierwinkels [1.7] angezeichnet.

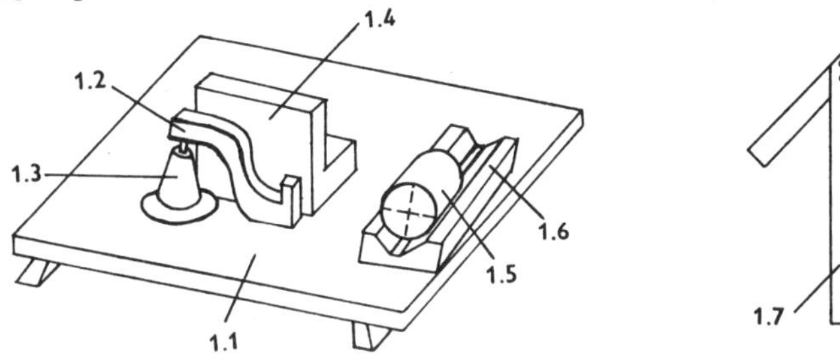

Wir legen ein Stück Blech auf die Anreißplatte und nehmen die Anreißnadel [2.1], damit wir mit Hilfe des Stahllineals [2.2] eine gerade Linie anreißen können.

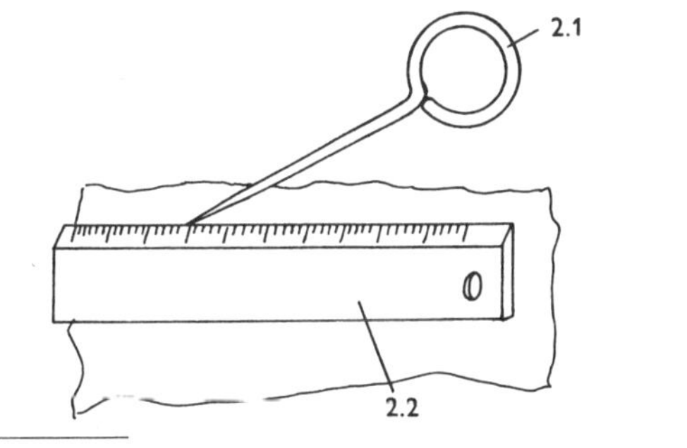

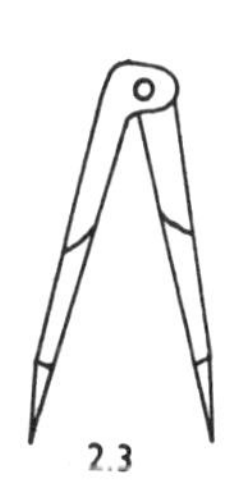

---

einwandfrei ganz in Ordnung, sehr gut

anreißen auf Metall eine Linie aufzeichnen an der Stelle, wo es bearbeitet werden soll – *das Werkstück, -e* Gegenstand, der noch bearbeitet werden muß – *die Spindel, -n* hier: Welle zum Bewegen eines Werkstücks – *et. ausrichten* hier: et. in die richtige Stellung bringen (allgemein: an jn eine Nachricht weitergeben)

Weitere Anreißmittel sind:
der Spitzzirkel [2.3] für kleine Kreise, der Stangenzirkel [2.4] für große Kreise, der Parallelreißer [2.5] für Rißlinien parallel zur Plattenebene, das Standmaß [2.6] mit cm- und mm-Einteilung für Linien vorgeschriebener Höhe, der Anreißkörner [2.7] zum Setzen von Körnerpunkten.

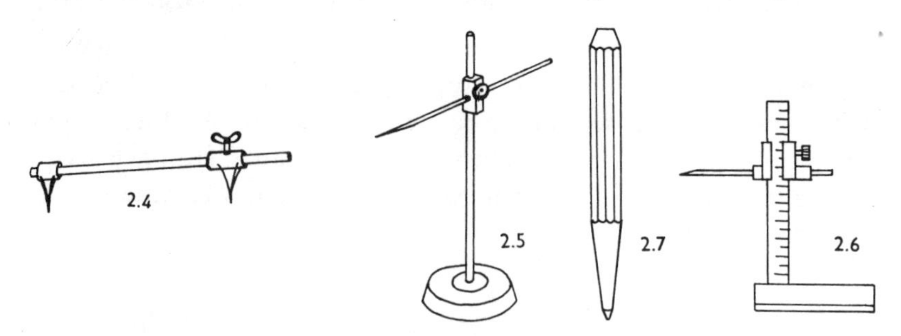

Wir schneiden mit der Blechschere [3.1] den angerissenen Streifen ab. Für längere Streifen nehmen wir die Durchlaufschere [3.2] mit gekröpften Messern a) oder die Schlagschere [3.3] mit gebogenem Obermesser a) und für runde Scheiben die Kreisschere [3.4]. Für Innenrundungen ist die Lochschere [3.5] mit gebogenen Messern a) geeignet.

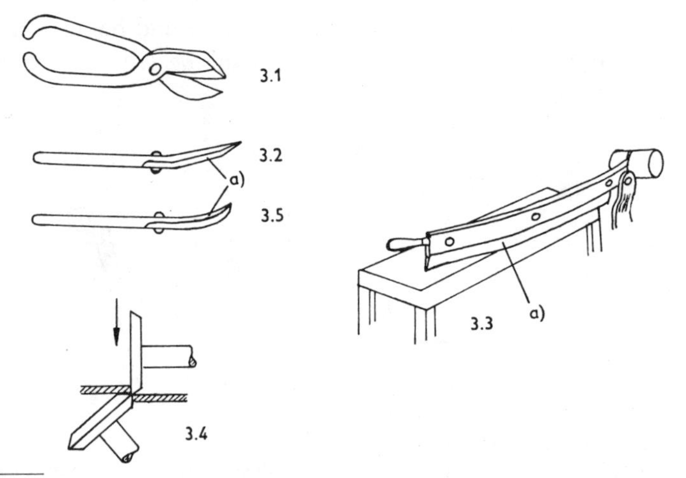

---

der Körner, – Stahlstift mit harter Spitze zum Markieren von Punkten, z. B. Bohrstellen
kröpfen Stabeisen in bestimmter Weise biegen

Um ein Werkstück bearbeiten zu können, wird dieses in den Schraubstock (Parallelschraubstock [4.1] und Flaschenschraubstock [4.2]) zwischen die Backen a) aus Stahl eingespannt. Der vordere Backen b)

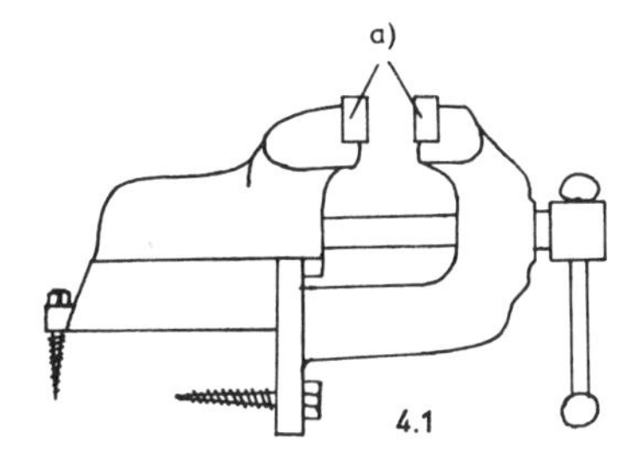

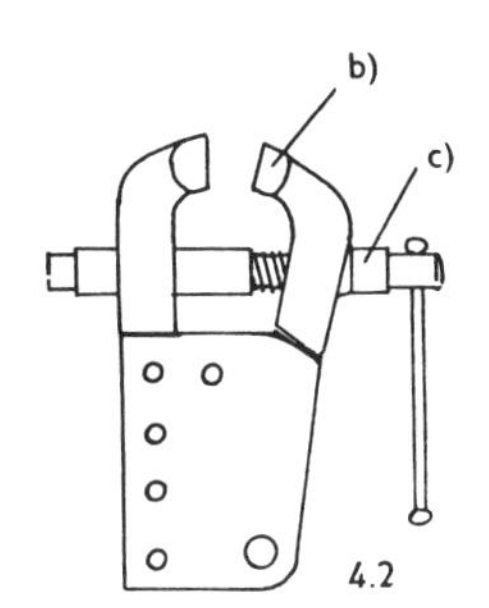

läßt sich durch Drehen einer Gewindespindel c) verschieben. Zum Einspannen kleinerer Teile ist der Feil- [4.3] und Reifkloben [4.4] geeignet.

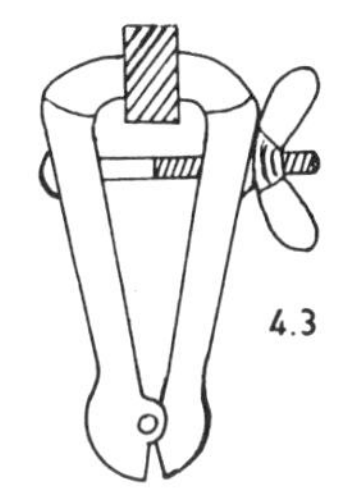

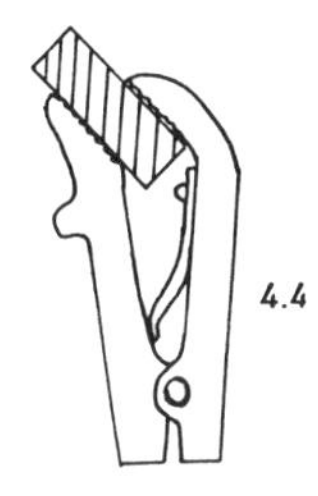

Wir setzen bei der Bearbeitung den Flachmeißel [5.1] mit der Schneide a) richtig auf, halten ihn am Schaft b) fest und schlagen mit einem Hammer [6.1] auf den Kopf des Meißels c) (Bank- oder Handhammer, Gewicht 800–1000 g, Vorschlaghammer 3–5 kg).

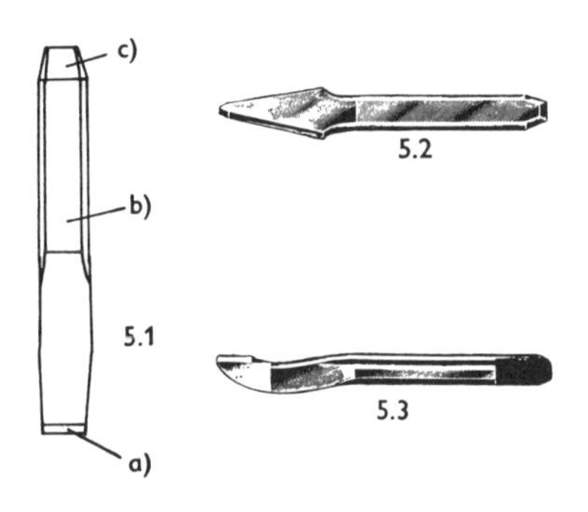

Je nach Art der Bearbeitung müssen wir den richtigen Meißel wählen: zum Meißeln von Flächen oder Abtrennen kleinerer Stäbe den Flachmeißel [5.1], zum Aushauen von geraden Nuten den Kreuzmeißel [5.2] und von Nuten an gewölbten Flächen den Nutenmeißel [5.3].

---

die Nut, -en längliche Vertiefung im Werkstück

Mit der Ringschneide a) des Locheisens [5.4] werden Löcher in weiche Werkstoffe, wie Leder, Gummi usw. gehauen.

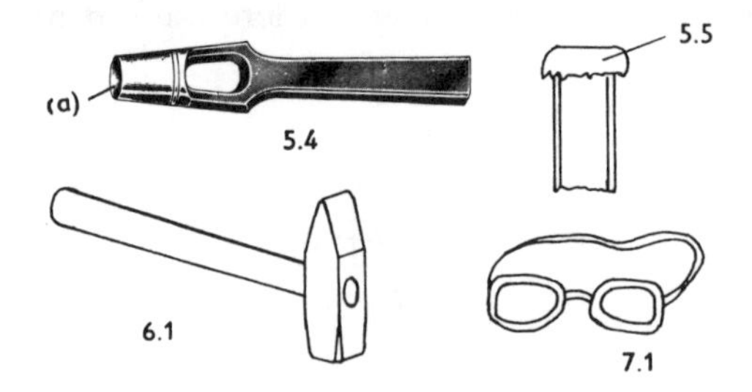

Bildet sich ein Grat [5.5], so muß dieser durch Schleifen entfernt werden. Wir achten auf wegfliegende Teile und schützen unsere Augen durch eine Schutzbrille [7.1].

Alle herzustellenden Teile müssen bestimmte Abmessungen haben. Um die vorgeschriebenen Maße einhalten zu können, müssen wir verschiedene Meßzeuge und Meßgeräte verwenden.
Als Maßeinheit ist in Deutschland und vielen anderen Ländern das Meter, abgekürzt »m«, festgelegt. Ein Meter ist der vierzigmillionste Teil des Erdumfanges (Meridian). Das »Urmeter«, bestehend aus einem Platin-Iridiumstab, wird in der Nähe von Paris aufbewahrt und dient auch heute noch z.T. der Nachprüfung von Längenmaßen auf ihre Genauigkeit.
Zum einfacheren Messen wurden Teile und Vielfache des Meters gebildet. So besteht ein Meter aus 10 dm (= Dezimeter) oder 100 cm (= Zentimeter) oder 1000 mm (= Millimeter).
1 m = 10 dm, 1 dm = 10 cm, 1 cm = 10 mm
1 km (= Kilometer) = 1000 m.
Für einfache Längenmessungen können wir den Stahlmaßstab [8.1] verwenden, dessen Länge etwa 200 bis 500 mm beträgt. Die Maßeinteilung ist mit Strichen in mm-Teilung auf dem Bandstahl eingeätzt.

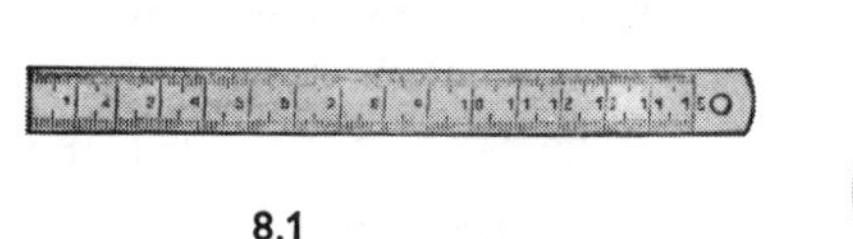

8.1

8.2

---

der Grat überstehendes Metall
ätzen mit Säure einzeichnen

Wenn wir längere Gegenstände abmessen müssen, dann benützen wir den Gliedermaßstab [8.2] aus Holz, Stahl oder Aluminium mit einer Länge von 1 oder 2 m. Für die gleiche Aufgabe ist auch das Rollmaß [8.3] aus dünnem Stahlband oder das Rollbandmaß [8.4] mit einer Länge von 5 bis 30 m geeignet.

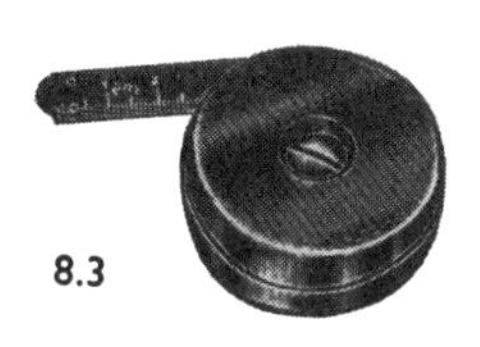
8.3

8.4

Den Durchmesser einer Welle können wir ungefähr mit dem Stahlmaßstab [8.1] bestimmen. Ein genaueres Meßergebnis erhalten wir mit Hilfe des Außentasters [9.1], der an der Meßstelle mit leichtem Druck über die Welle oder ein Rohr gleitet. Wir legen jetzt die Öffnung des Tasters auf einen Maßstab und bestimmen so den Wellendurchmesser. In ähnlicher Weise ist es mit dem Innentaster [9.2] mög-

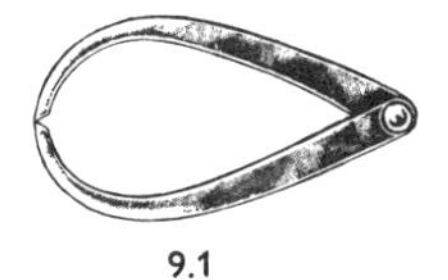
9.1

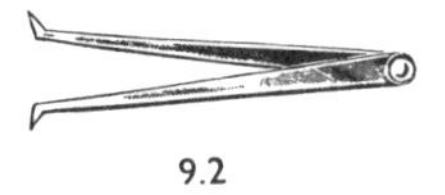
9.2

lich, den Durchmesser einer Bohrung, einer Öffnung oder den Innendurchmesser eines Rohres festzustellen. Die gleichen Messungen sind auch mit den Federtastern [9.3] durchzuführen. Die Meßschenkel a) werden durch Federspannung gegen die Spannmutter b) gepreßt und durch Verdrehen dieser Mutter geöffnet oder geschlossen.

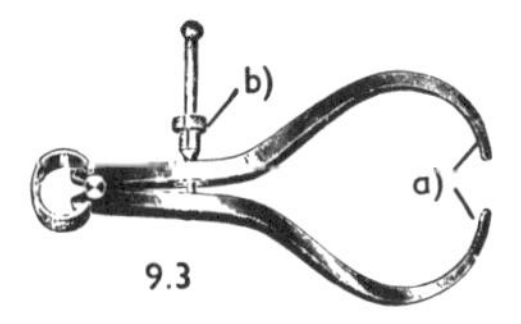

9.3

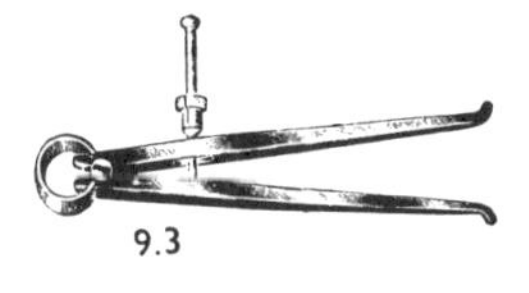
9.3

Die genannten Meßzeuge sind in allen Fällen ausreichend, in denen auf Genauigkeit kein großer Wert gelegt wird. Müssen wir jedoch ein

Werkstück bearbeiten, dessen Abmessungen auf 1/10 oder 1/100 mm genau sein soll, dann muß mit der Schiebelehre [10.1] oder dem Mikrometer [10.2] gearbeitet werden. Die Schiebelehre, mit der normaler-

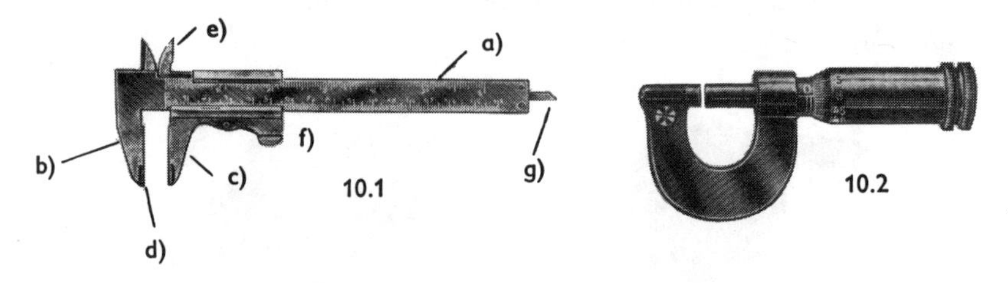

10.1

10.2

weise auf 1/10 mm genau gemessen werden kann, besteht aus dem Lineal a) mit Millimeter- und Zolleinteilung, dem festen Meßschenkel b), dem beweglichen Meßschenkel c), den Meßschneiden d) für Außenmessungen, den Meßschneiden e) für Innenmessungen, der Meßzunge g) zum Tiefenmessen und der Feststellklemme f). Auf dem Schieber c) ist die Noniusteilung angebracht. Der Nonius ist eine 9 mm lange, meist in 10 Striche geteilte Meßstrecke, die beim Messen die 1/10-Millimeter angibt.
Mit dem Mikrometer [10.2] ist es möglich, noch genauere Messungen durchzuführen, da hiermit noch 1/100 mm abzulesen sind.
Eine Sonderbauart der Schiebelehre ist das Tiefenmaß [10.3] mit offenem Schieber, das speziell zu Tiefenmessungen verwendet wird.

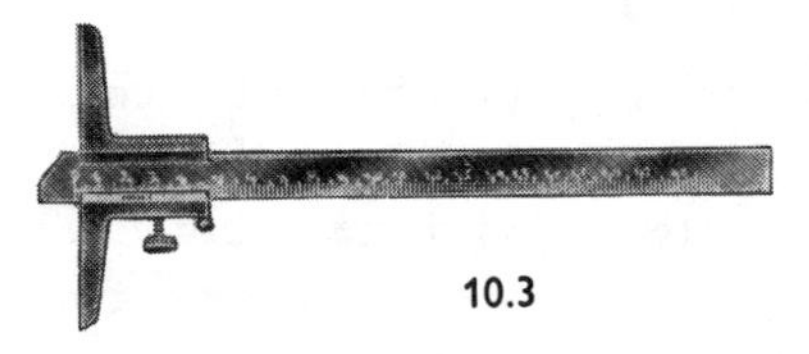
10.3

Außer der Bedingung von Maßhaltigkeit (genaue Abmessungen) muß das von uns bearbeitete Stück auch winkelig sein, d.h. zwei Flächen stehen senkrecht aufeinander und bilden so einen Winkel von 90° (Grad). Ein 90°-Winkel wird auch ein rechter Winkel genannt und kommt am häufigsten vor. Durch Anlegen des Werkstückes an eine feste Winkellehre, z.B. an den Anschlagwinkel [11.1], Federwinkel [11.2] oder Flachwinkel ohne Anschlag [11.3], können wir feststellen, ob zwei Flächen rechtwinkelig sind.

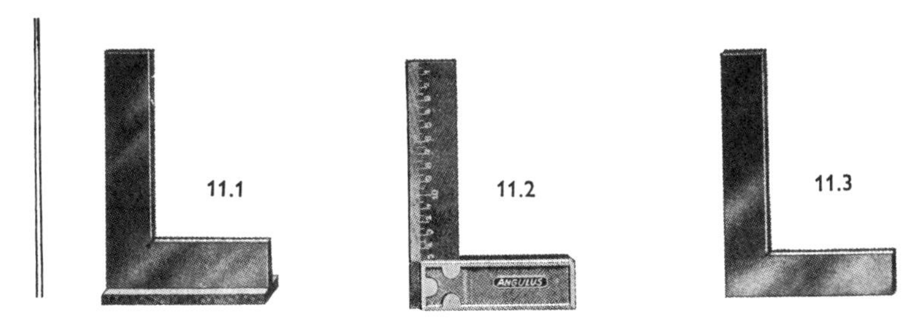

11.1 11.2 11.3

Für Winkel, die größer als 90° sind, z.B. 120° oder 135°, gibt es ebenfalls feste Winkellehren, die sogenannten Gehrungswinkel. Bild 11.4 zeigt einen 135°-Gehrungswinkel ohne Anschlag, Bild 11.5 einen solchen mit Anschlag.
Wollen wir die Größe eines beliebigen Winkels bestimmen, so bedienen wir uns des Winkelmessers [11.6]. Mit Hilfe des verstellbaren Meßschenkels a) können wir alle Winkel zwischen 0 und 180° ein-

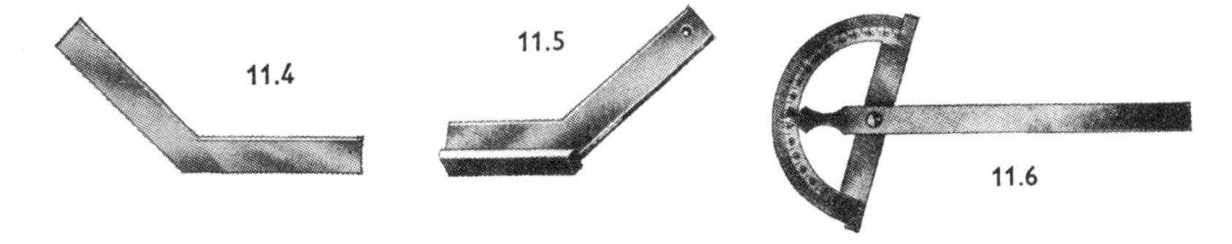

11.4 11.5 11.6

Viele Arbeiten können am Schraubstock nur durch Feilen erledigt werden. Wir spannen deshalb ein roh zugeschnittenes Werkstück ein und befeilen es solange, bis die vorgeschriebenen Abmessungen erreicht sind. Ist das Werkstück noch wesentlich zu groß oder wird keine besondere Oberflächengüte gefordert, können wir die Schruppfeile [12.1] mit groben Feilzähnen verwenden. Für die Endbearbeitung und für eine glatte Oberfläche ist jedoch eine flache Schlichtfeile [12.2]

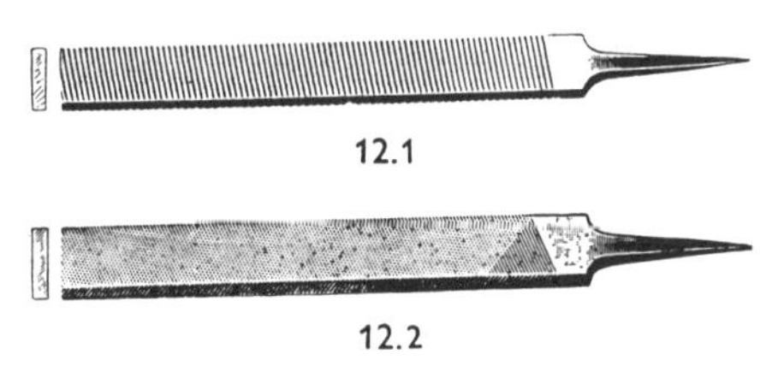

12.1

12.2

---

der Schenkel, – eines Winkels ist eine der Linien, die den Winkel begrenzen
roh hier: nur in den allgemeinen Umrissen, noch nicht exakt

mit feinem Hieb zweckmäßiger. Je nach der durchzuführenden Feilarbeit können wir Feilen mit verschiedenen Querschnitten wählen:

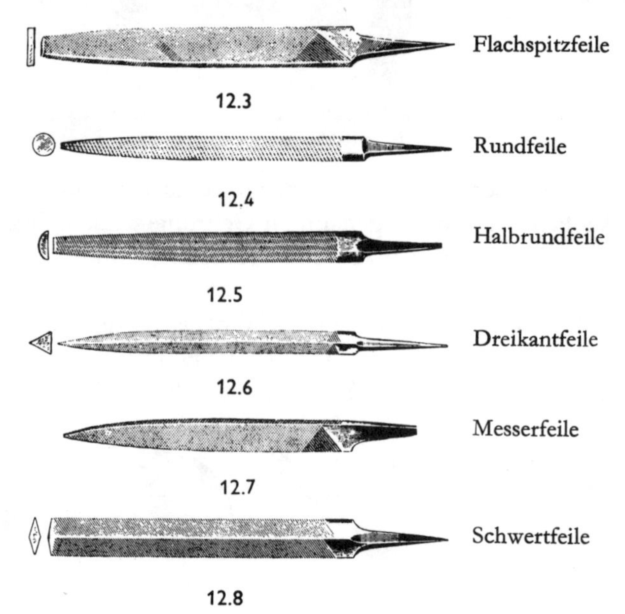

12.3

12.4

12.5

12.6

12.7

12.8

Wollen wir eine noch glattere Oberfläche erzielen, müssen die Flächen geschabt werden. Die Schneide des dazu erforderlichen Schabers ist der Form der zu schabenden Fläche angepaßt. Der Flachschaber [13.1] dient als Stoß- oder Ziehschaber zur Bearbeitung ebener Oberflächen. Für gekrümmte Flächen, z.B. Bohrungen und Lagerschalen ist der Dreikantschaber [13.2] oder der Löffelschaber [13.3] geeignet.

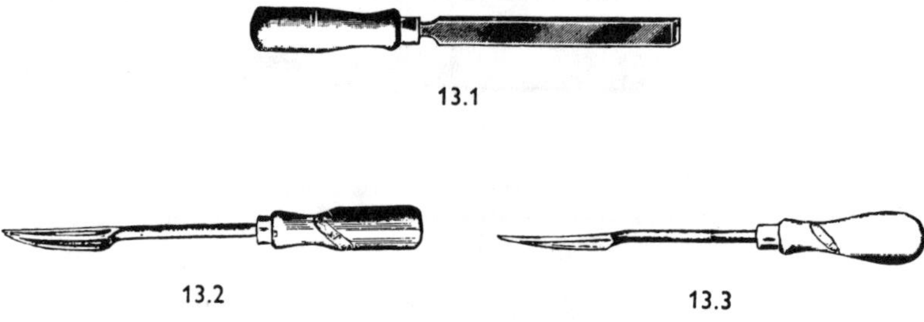

13.1

13.2

13.3

zu schabend et., was man schaben muß

Zum Zuschneiden von Eisenstangen, Formstäben, Bändern, Rohren usw. müssen wir für kleinere Querschnitte die Handbügelsäge [14.1] nehmen und dazu ein Metallsägeblatt [14.2] mit Hilfe des Spannklobens a) fest einspannen.

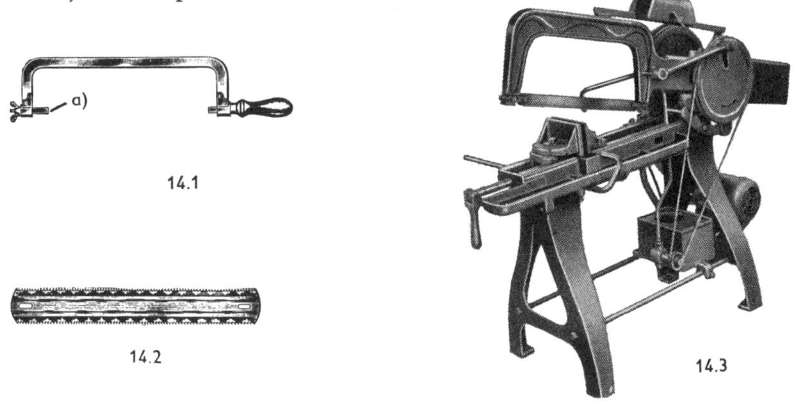

14.1

14.2

14.3

Größere Querschnitte, die von Hand nicht mehr abgeschnitten werden können, bearbeiten wir mit der Kaltsägemaschine [14.3].

Eine häufig vorkommende Bearbeitungsmethode ist das Bohren. Die dazu verwendeten Werkzeuge, die Spiralbohrer [15.1 und 15.2], werden mit zylindrischem Schaft a) oder mit kegeligem Schaft b), auch Morsekonus genannt, geliefert.

15.1

15.2

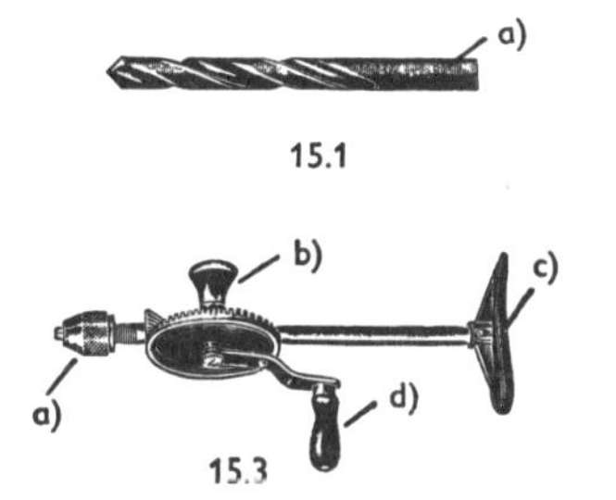

15.3

Je nach Arbeitsort können wir zum Bohren eine Brustbohrmaschine [15.3] oder eine elektrische Handbohrmaschine [15.4] verwenden. Wir spannen den Bohrer fest in das Dreibackenfutter a) und halten die Bohrmaschine mit der Linken am Handgriff b). Wir stützen den Körper gegen das Brustschild c) und drehen mit der Handkurbel d) den Bohrer.

---

von Hand mit der Hand (also nicht mit der Maschine)
der Schaft, *=e* hier: Teil des Werkzeugs, das im Dreibackenfutter befestigt wird

Für kleinere Bohrdurchmesser bis ca. 6 mm ist auch ein Handdrillbohrer [15.5] geeignet. Größere Löcher werden mit der Ständerbohrmaschine [15.6] gebohrt.

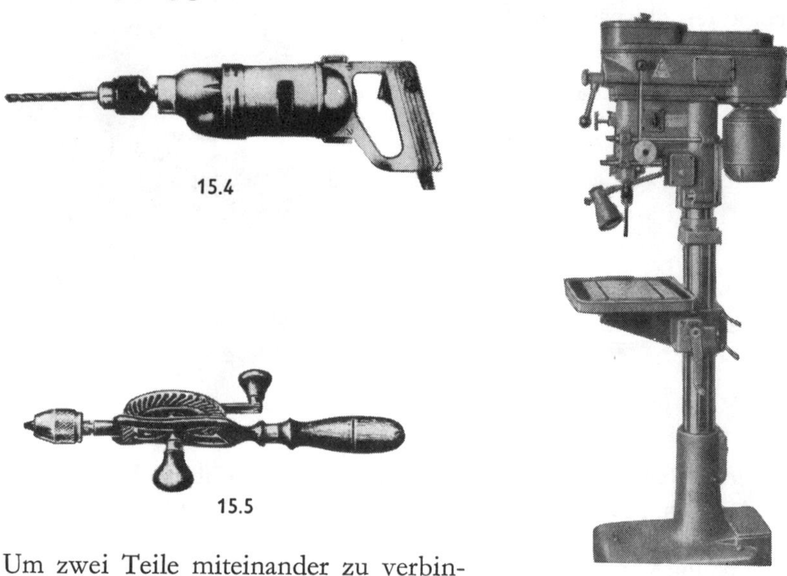

15.4

15.5

15.6

Um zwei Teile miteinander zu verbinden, schneiden wir jetzt in die Bohrung ein Gewinde. Zur Herstellung dieses Innen- oder Muttergewindes benötigen wir einen Gewindebohrer [16.1], der mit Hilfe eines verstellbaren Windeisens [16.2] oder mit dem Kugelwindeisen [16.3] vorsichtig eingedreht wird.

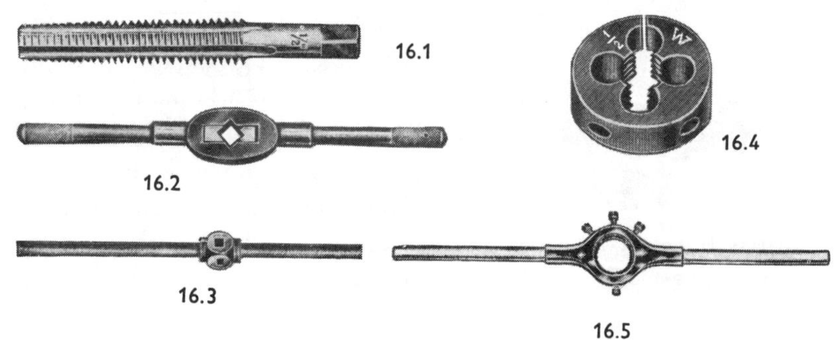

16.1

16.2

16.3

16.4

16.5

Mit dem Schneideisen [16.4], das wir in den Schneideisenhalter [16.5]

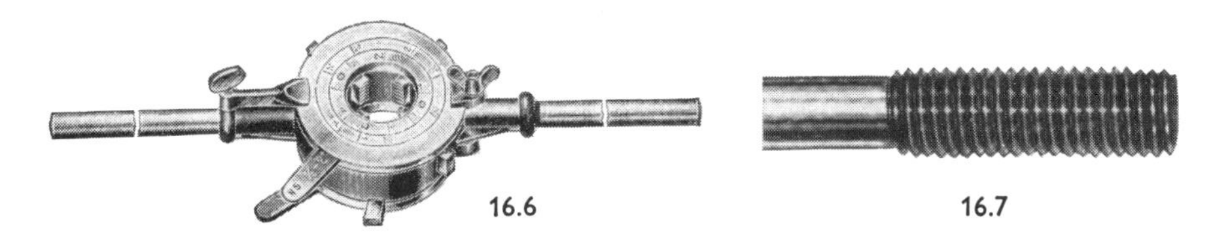
16.6 16.7

einspannen, oder mit einer Schneidkluppe [16.6], können wir auf einen Bolzen oder ein Rohr ein Außengewinde [16.7] schneiden. Ein typisches Beispiel für Außen- und Innengewinde sind Schrauben [17.1] und Muttern [17.2], die nach DIN hergestellt werden. (DIN = Deutsche Industrie-Normen oder »Das ist Norm«)

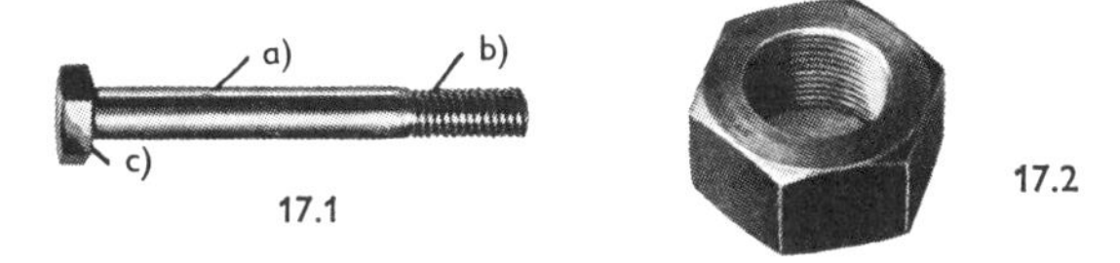

17.1 17.2

Die Schraube besteht aus dem Bolzen a) mit dem Gewinde b) und dem Kopf c), dessen Form sehr verschieden sein kann. Je nach Verwendungszweck werden wir zwischen nachstehenden, genormten Kopf- und Mutterformen wählen:

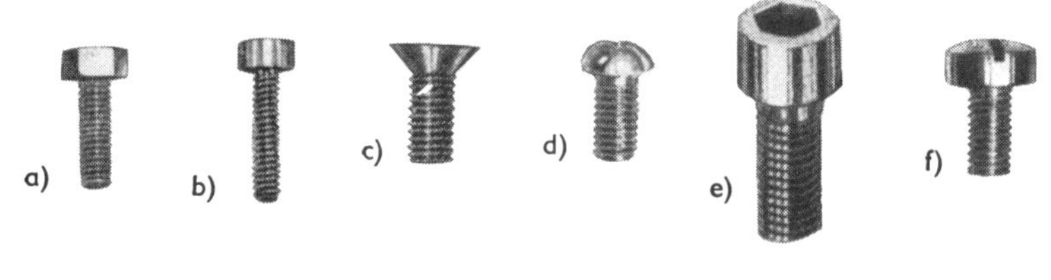

a) Sechskantschraube, b) Zylinderschraube,
c) Senkschraube, d) Halbrundschraube,
e) Innen-Sechskantschraube, f) Linsenschraube

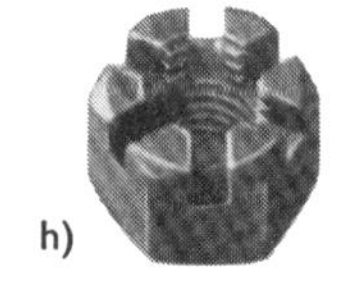

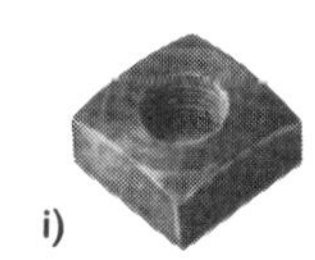

g) Sechskantmutter, h) Kronenmutter, i) Vierkantmutter.

Für das Anziehen und Lösen von Verschraubungen gibt es verschiedene Werkzeuge. Am unfallsichersten sind die festen Schraubenschlüssel: Gabelschlüssel [18.1], Ringschlüssel [18.2], Steckschlüssel [18.3]. Das Schlüsselmaul a) ist der Kopfform und der Schlüsselweite s der Vielkantschraube angepaßt.

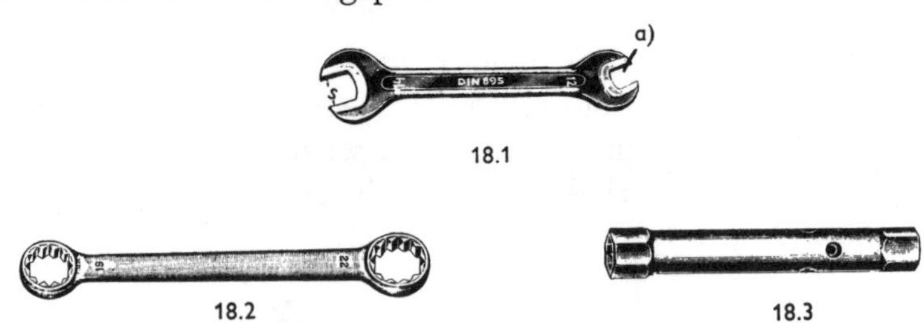

18.1

18.2

18.3

Mit den verstellbaren Schraubenschlüsseln können praktisch alle vorkommenden Schlüsselweiten mit einem Werkzeug erfaßt werden. Diese verstellbaren Maulschlüssel gibt es in verschiedenen Ausführungen: den Rollgabelschlüssel [19.1], den Stahlschraubenschlüssel [19.2], den Autoschlüssel [19.3]

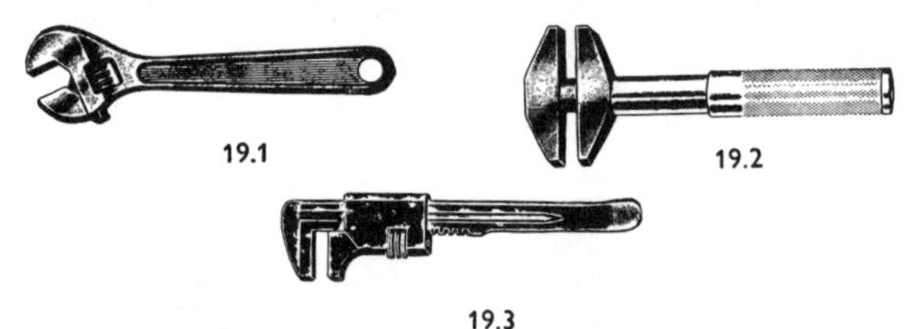

19.1

19.2

19.3

Zum Verdrehen von Gewindemuffen an Rohren verwenden wir die Rohrzange [19.4], die Wasserpumpenzange [19.5] oder die Blitzzange [19.6]; das Maul dieser Zangen ist mit griffigen Kerbzähnen versehen.

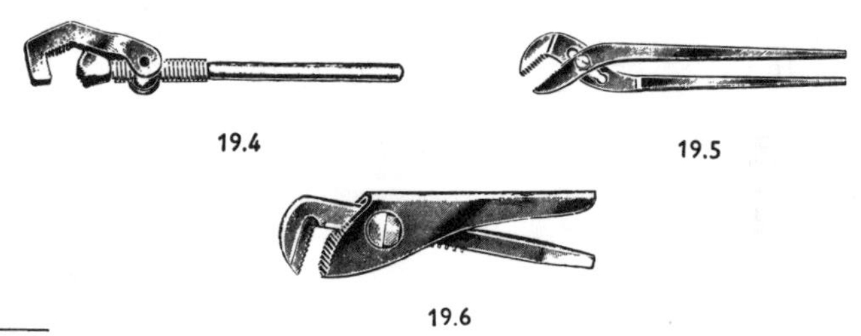

19.4

19.5

19.6

---

die Muffe, -n Rohrverbindungsstück

Der Schraubenzieher [20.1] und der Kreuzlochschraubenzieher [20.2] dienen zum Befestigen geschlitzter Schraubenköpfe. Die gehärtete Klinge a) muß genau zum Schraubenschlitz passen.

20.1 20.2

Viele Schraubverbindungen, vor allem an Fahrzeugen und an bewegten Maschinenteilen, müssen gegen unbeabsichtigtes Lösen geschützt werden. Das einfachste Mittel hierzu ist der Federring [20.3], auch

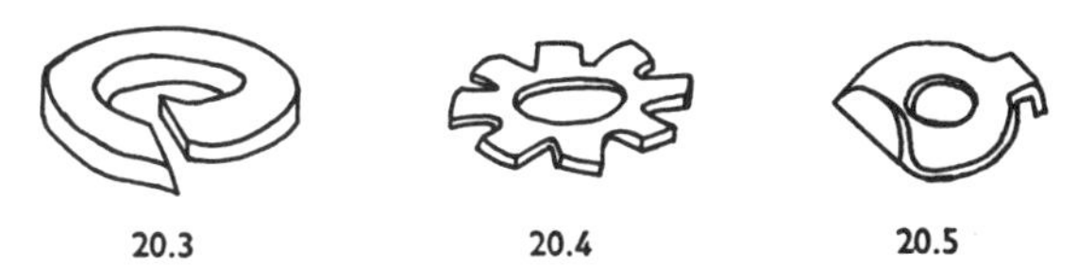

20.3 20.4 20.5

Sprengring genannt, oder die Federscheibe [20.4], die unter den Schraubenkopf gelegt werden und beim Anziehen der Schraube eine Vorspannung erhalten. Dadurch und zusammen mit den eingedrückten Enden wird das Verdrehen verhindert. Eine andere Möglichkeit der Schraubensicherung besteht in der Verwendung von Sicherungsblechen [20.5]. An besonders wichtigen Stellen, z.B. an Radnaben, verwendet man zweckmäßig Kronenmuttern [20.6], die nach dem Festschrauben durch einen Splint [20.7] gesichert werden.

20.6 20.7

* *

Eine der ältesten Bearbeitungsmethoden von Metall, vor allem von Stahl und Eisen, ist das Schmieden. Auch in der heutigen Technik kann auf diese Arbeit nicht verzichtet werden, wenn auch meist nicht mehr von Hand geschmiedet wird. Die meisten größeren Be-

---

die Radnabe, -n Mitte des Rades, Stelle, an der das Rad befestigt wird

triebe unterhalten eine eigene Schmiede, die auch für Praktikanten und Lehrlinge einige Zeit als Ausbildungsstätte dient.

Wenn wir in eine Schmiede kommen, fällt in erster Linie das Schmiedefeuer [21.1] auf, mit der Feuerschlüssel a), dem Wassertrog b), dem Ventilator c) und dem Luftschieber d). Ein weiterer wichtiger Be-

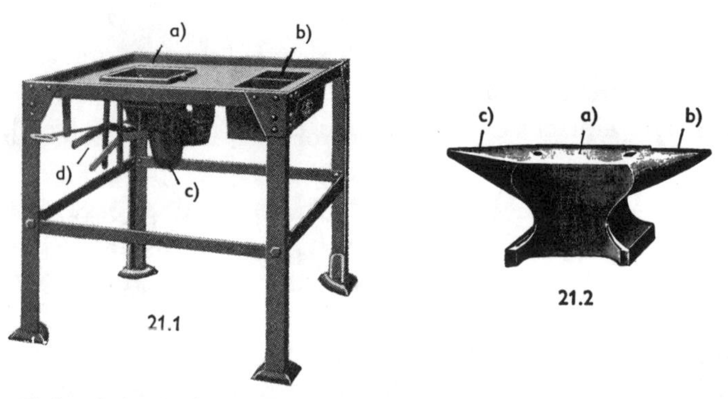

21.1

21.2

standteil der Schmiede ist der Amboß [21.2]. Die gehärtete »Bahn« a) dient als Auflagefläche bei vielen Schmiedearbeiten. Haben wir ein Stück Eisen im Schmiedefeuer erwärmt, so können wir auf dem Rund-

21.3

21.3

horn b) einen gewünschten Bogen oder Kreis biegen. Ecken oder Kanten werden auf dem Vierkanthorn c) gefertigt. Zum Einsetzen verschiedener Hilfswerkzeuge [21.3] sind in der Amboßbahn a) zwei Löcher ○ □ angebracht. Für die verschiedensten Arbeiten stehen verschiedene Hämmer zur Verfügung, die auf das Werkstück aufgesetzt und mit dem Vorschlaghammer geschlagen werden. Zum Abtrennen von warmen oder kalten Eisenteilen verwendet man den Schrotmeißel [21.4], zum rund oder kantig Absetzen den Kehlhammer [21.5] bzw. den Setzhammer [21.6].

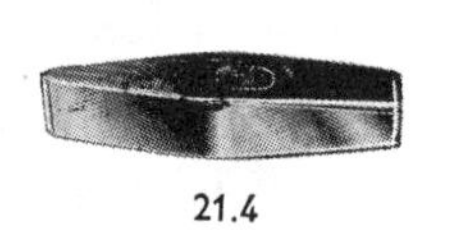

21.4

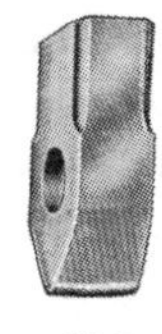

21.5

21.6

Zum Schlichten ebener Flächen dient der Schlichthammer [21.7] und für runde Zapfen das Gesenk [21.8], bestehend aus dem Oberteil a) und Untergesenk b).

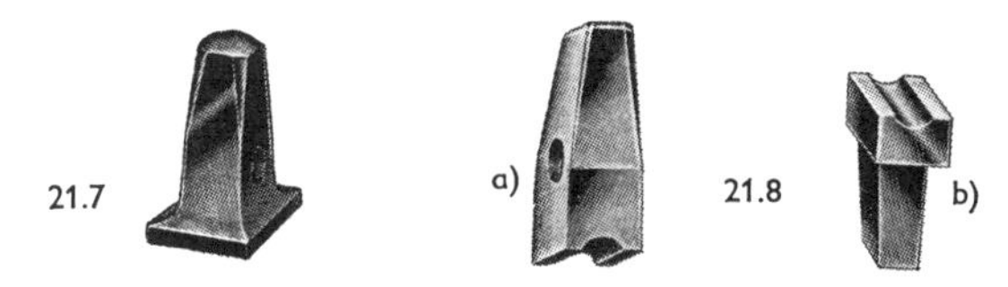

Den verschiedenen Schmiedestückformen ist die Maulform der Schmiedezangen angepaßt, die zum sicheren Festhalten dienen. Für gerade und flache Werkstücke ist die Flachmaulzange [22.1], für unregelmäßige Teile die Wolfsmaul-Schmiedezange [22.2], für runde Stücke die Rundmaulzange [22.3] und für Nieten und Bolzen die Nietzange [22.4] am besten geeignet.

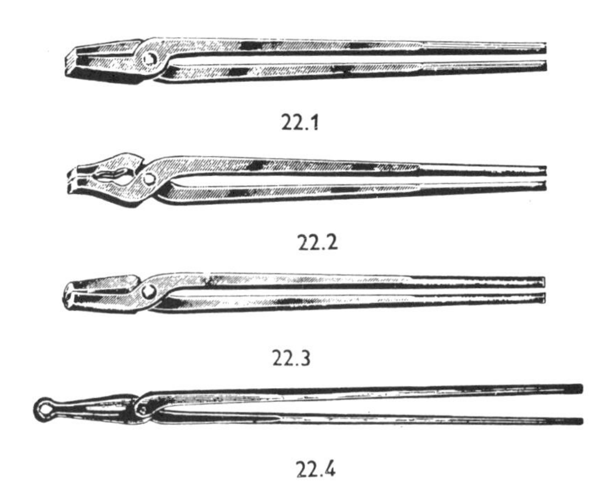

B) **Die wichtigsten Werkzeuge für die Holzbearbeitung**

Holz wird schon seit frühester Zeit wegen seiner leichten Bearbeitungsmöglichkeiten bevorzugt. Es hat geringes Gewicht und besitzt doch gute statische Eigenschaften. In der Möbelindustrie und für die Innenarchitektur wird es außerdem wegen seiner Schönheit gerne verwendet.

Tischler, Schreiner und Zimmerleute sind die hauptsächlichsten Be- und Verarbeiter von Holz und bedienen sich dazu der verschiedensten Werkzeuge und Maschinen.

23.1

In jeder Schreinerwerkstatt steht eine Hobelbank [23.1] aus massivem Hartholz. Wir spannen ein Brett mit der Druckspindel a) in die Vorderzange b) oder zwischen die Bankhaken c), die mit der Hinterzange d) zusammengeschraubt werden. Aus der Werkzeuglade holen wir

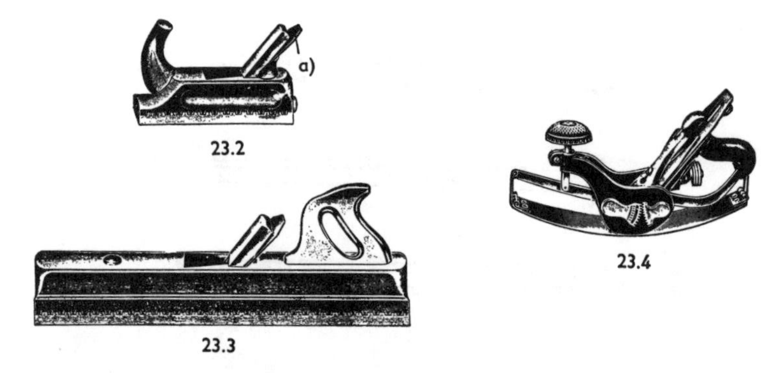

23.2

23.3

23.4

einen Hobel [23.2] (Schrubbhobel, Putzhobel oder Schlichthobel, je nach Art des eingesetzten Hobeleisens a)). Lange, gerade Flächen hobeln wir am zweckmäßigsten mit dem Rauhbankhobel [23.3], gekrümmte Flächen mit einem verstellbaren Schiffshobel [23.4].

---

der Tischler, –; *der Schreiner*, – Handwerker, die Holz bearbeiten (Möbeltischler, Möbelschreiner, Bautischler, Bauschreiner)

der Zimmermann, *-leute* Schreiner oder Tischler, der nur Holzarbeiten beim Hausbau ausführt

Für spezielle Hobelarbeiten gibt es noch den Simshobel [23.5] und den Falzhobel [23.6].

23.5 23.6

Mit einem Nagelbohrer [24.1] oder dem Stangen-Schneckenbohrer [24.2] können wir ein Loch in das Brett bohren. Schneller können wir bohren, wenn wir die Bohrwinde [24.3] verwenden und den Zentrumbohrer [24.4], den Schneckenbohrer [24.5] oder den Forstnerbohrer [24.6] in das Backenfutter a) einspannen.

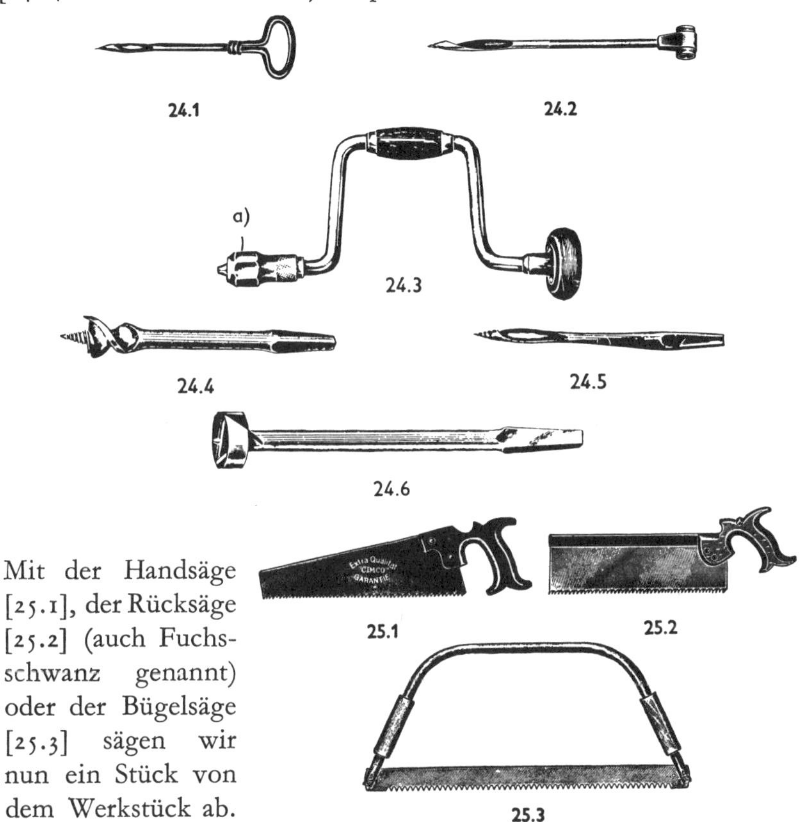

24.1 24.2

24.3

24.4 24.5

24.6

25.1 25.2

25.3

Mit der Handsäge [25.1], der Rücksäge [25.2] (auch Fuchsschwanz genannt) oder der Bügelsäge [25.3] sägen wir nun ein Stück von dem Werkstück ab.

Wir können auch die Spannsäge [25.4] verwenden.

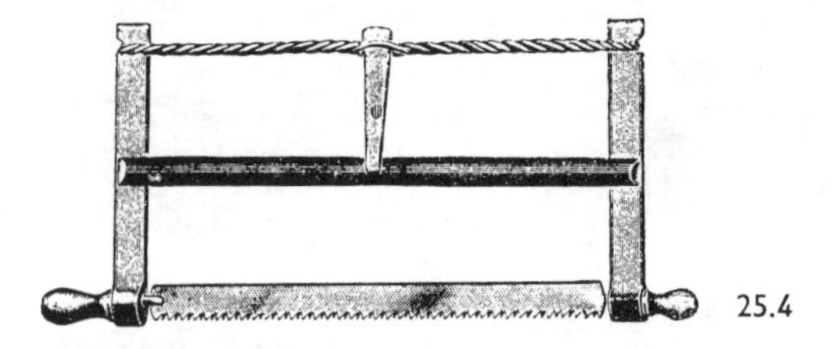
25.4

Zum Aussägen einer Öffnung dient die Stichsäge [25.5].

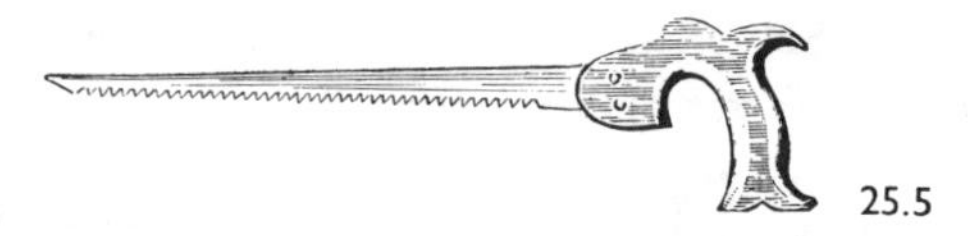
25.5

Wollen wir eine Nut ausstemmen, so nehmen wir dazu das Stemmeisen [25.6] oder den Hohlbeitel [25.7].

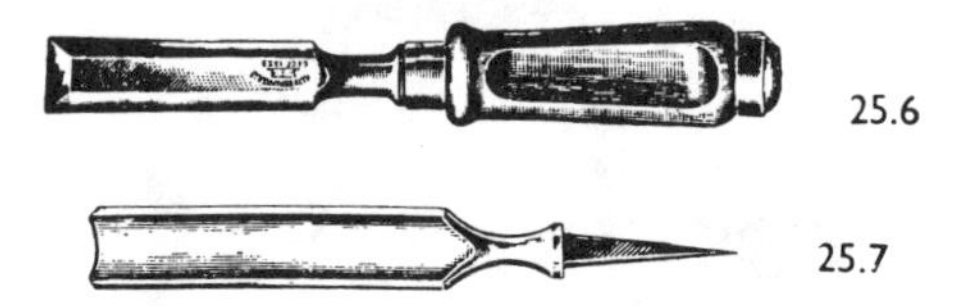
25.6

25.7

Unregelmäßige Werkstücke können auch mit Feilen bearbeitet werden. Hierfür gibt es die Holzraspel in flachstumpfer [26.1], halbrunder [26.2] und runder Ausführung [26.3]. Zum Schlichten (Feinbearbei-

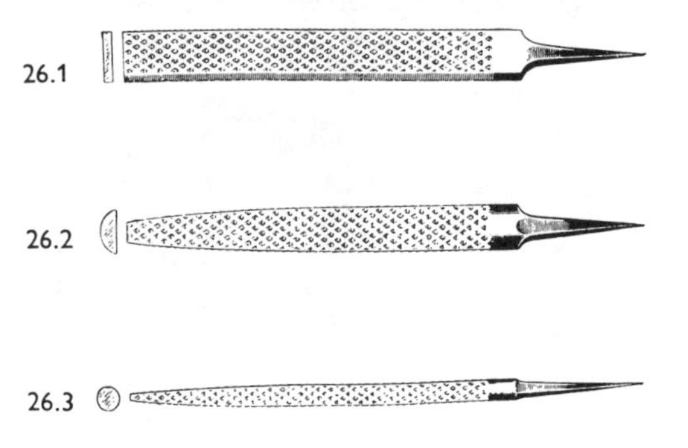
26.1

26.2

26.3

die Nut, -en längliche Vertiefung im Werkstück

tung) sind Holzfeilen [26.4] mit feinerem Hieb geeignet. Die Nachbearbeitung kann dann noch mit einem Schmirgelpapier erfolgen.

Zwei Bretter sollen mit der Schraubzwinge [27.1] zusammengehalten und durch einen Nagel (Drahtstift [28.1], Breitkopfstift [28.2], die

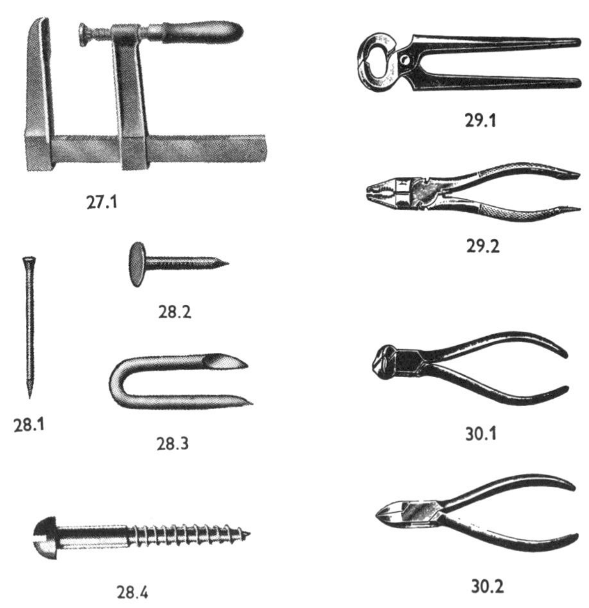

Krampe [28.3]) oder eine Holzschraube [28.4] miteinander verbunden werden. Einen krummen Nagel ziehen wir mit der Beißzange [29.1] oder der Kombinationszange [29.2] heraus. Mit dem Vorschneider [30.1] oder Seitenschneider [30.2] kann man den Nagel auch abzwicken.

Holzbearbeitungsmaschinen

Für die meisten Vorgänge bei der Holzbearbeitung stehen Maschinen zur Verfügung, die eine leichte, schnelle und exakte Durchführung aller Arbeiten gestatten.

---

das Schmirgelpapier Papier, auf dem ein Schleifmittel aufgeleimt ist

Die einfachsten und am häufigsten verwendeten Holzbearbeitungsmaschinen sind die Kreissäge [31.1] und die Bandsäge [31.2]. Mit der Kreissäge werden lange, gerade Schnitte und mit der Bandsäge kurze und auch leicht gekrümmte Schnitte durchgeführt. Die Abrichtmaschine [31.3] dient zum Hobeln großer Flächen.

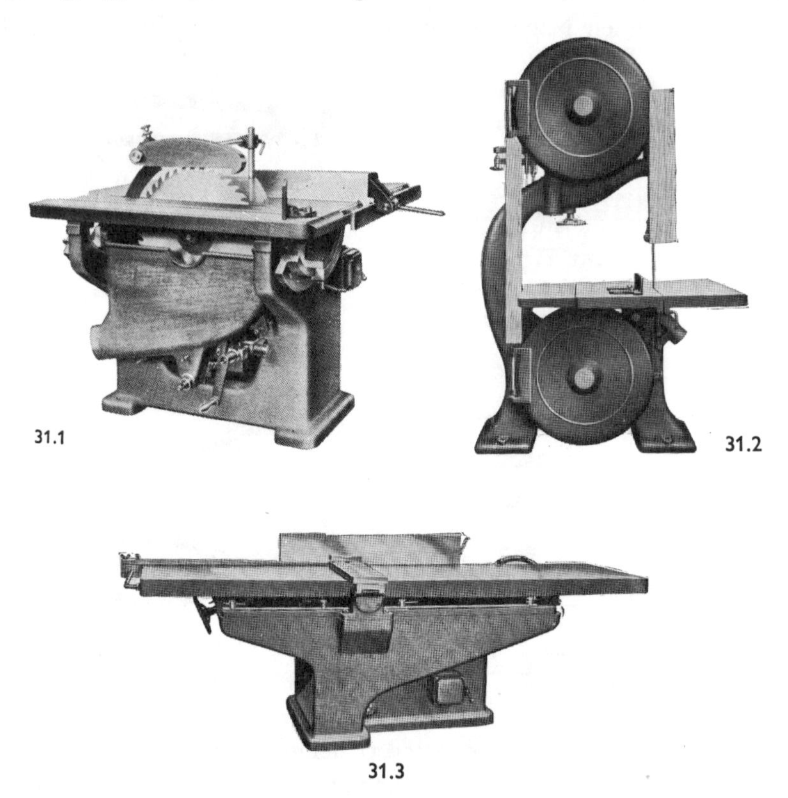

31.1

31.2

31.3

Für spezielle Aufgaben sind außerdem noch mehrere Maschinenarten auf dem Markt, die z.B. zum Fräsen, Bohren, Dickenhobeln und Schleifen dienen.

WERKZEUGMASCHINEN

In der metallverarbeitenden Industrie werden Maschinen verwendet, die zur Herstellung der verschiedensten Teile ein Werkzeug besitzen, z. B. einen Bohrer bei der Bohrmaschine oder einen Drehstahl bei der Drehbank. Daher nennt man diese Bearbeitungsmaschinen auch »Werkzeugmaschinen« und unterscheidet: Drehbänke, Bohrmaschinen, Fräsmaschinen, Hobelmaschinen, Schleifmaschinen u. a.
Diese Maschinen sind mit hoher Genauigkeit hergestellt und darum sehr teuer und empfindlich. Sie bedürfen deshalb besonderer Pflege und sorgfältiger Behandlung bei der Arbeit.
Vor Beginn der Arbeit überzeuge man sich, ob sämtliche Hebel in der richtigen Stellung sind. An Maschinen, deren Wirkungsweise nicht genau bekannt ist, darf überhaupt nicht geschaltet werden. Alle Schmierstellen sind häufig zu ölen. Die Maschinen müssen öfter gereinigt werden. Um Unfälle zu vermeiden, sind die Unfallverhütungsbilder und die entsprechenden Vorschriften besonders zu beachten.

Die Drehbank

Zur Herstellung von zylindrischen Formen und Teilen, wie Wellen, Spindeln, Bolzen usw. bedient man sich der Drehbank.

---

die Werkzeugmaschine, -n Werkzeuge, die maschinell arbeiten
drehen hier: herstellen und weiterverarbeiten von runden Körpern (Rotationskörpern) aus Metall, Holz, Stein, Kunststoff usw.
die Drehbank, ¨-e Werkzeugmaschine für spanende Formung von Werkzeugen durch Drehen (*spanen* formen des Werkstücks durch Abnehmen von Spänen [kleine, dünne Materialteile])
fräsen herstellen von ebenen oder gekrümmten Flächen auf Werkstücken aus Metall, Holz oder Werkstoff durch ein rotierendes Werkzeug
schleifen (schliff, geschliffen) herstellen von ebenen Flächen großer Genauigkeit und Glätte (Oberflächengüte)
hohe Genauigkeit sehr große Genauigkeit
eine Maschine ist empfindlich sie reagiert auf die geringste Einwirkung, geht leicht kaputt, wenn man sie nicht sorgfältig behandelt
die Wirkungsweise einer Maschine Art, wie sie funktioniert, wie sie arbeitet
überhaupt nicht auf keinen Fall (starke Verneinung)
die Schmierstelle, -n Stelle, wo die Maschine geschmiert (geölt oder gefettet) werden muß

Für die vielerlei Bearbeitungsaufgaben werden Drehbänke verschiedener Bauart hergestellt. Zu den am häufigsten verwendeten gehört die Spitzendrehbank [32.1], auch Leit- und Zugspindeldrehbank oder Längsdrehbank genannt.
Das Werkstück wird zwischen den beiden Spitzen a) am Spannfutter b) und Reitstock c) gespannt. Das Spannfutter, meist als Dreibackenfutter ausgeführt, sitzt auf der Dreh- oder Arbeitsspindel d), deren Drehung durch den Elektromotor e) über das Getriebe im Spindelstock f) erzeugt wird. Durch die Bewegung gegen die Schneide des Drehstahles wird ein Span mit der sogenannten »Schnittgeschwindigkeit« abgedreht.

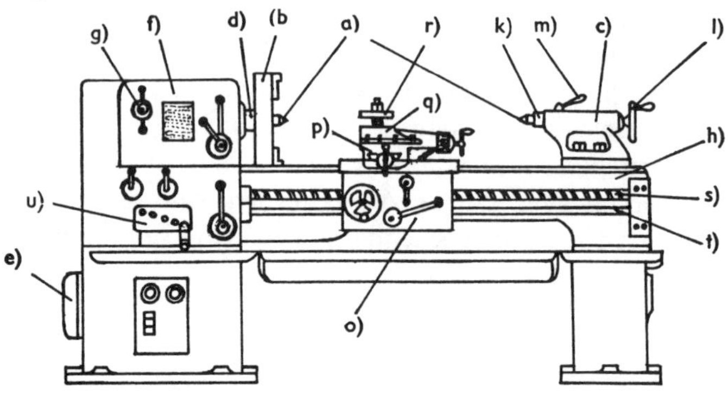

32.1

Durch Verstellen der Schalthebel g) kann die Drehzahl der Spindel und damit die Schnittgeschwindigkeit geändert werden. Der Reitstock ist auf dem Drehbankbett h) verschiebbar. Die Pinole k) wird mit dem Handrad l) herausgedreht und mit der Griffmutter m) festgeklemmt.
Der Werkzeugschlitten, bestehend aus Bettschlitten o), Planschlitten p) und Oberschlitten q), trägt den Drehstahlhalter r) und überträgt die Vorschub- und Einstellbewegung.

---

das Dreibackenfutter ist eine Vorrichtung zum Einspannen von Werkstücken, das drei besondere Teile (Backen) hat, die das Werkstück gemeinsam umfassen
die Spindel bei Werkzeugmaschinen die Hauptarbeitswelle, die das Werkstück dreht
das Getriebe mehrere Räder zum Weiterleiten von Drehbewegungen
der Span, ¨e kleines Materialteil, das abgedreht wird

Der Vorschub, das ist die Bewegung des Drehstahls in Arbeitsrichtung, kann entweder von Hand oder automatisch durch die Leitspindel s) oder Zugspindel t) herbeigeführt werden. Beim Längsdrehen, d.h. in Richtung des Drehbankbettes wird der Bettschlitten und beim Plandrehen der Planschlitten bewegt.
Um die Größe des Vorschubes ändern zu können ist das Vorschubgetriebe u) meist als Norton-Getriebe ausgebildet, mit dem das Übersetzungsverhältnis des Getriebes und damit die Drehzahl der Zugspindel geändert werden kann.
Der Spanquerschnitt ergibt sich aus der Größe des Vorschubs je Umdrehung des Werkstückes und der Spantiefe. Der Drehstahl wird auf die gewünschte Spantiefe eingestellt. Diese Einstellung ist die Einstell- oder Zustellbewegung.
Der Drehstahl [32.2] besitzt meist eine Hartmetallauflage a) als Schneide. Je nach Verwendungszweck ist der Schneidenkopf b) verschieden ausgebildet. Der Schaft c) ist in der Regel gerade.
Zum Schruppen verwendet man kräftige Schruppstähle [32.3], die in kurzer Zeit große Spanmengen abtrennen können. Nach der Lage der

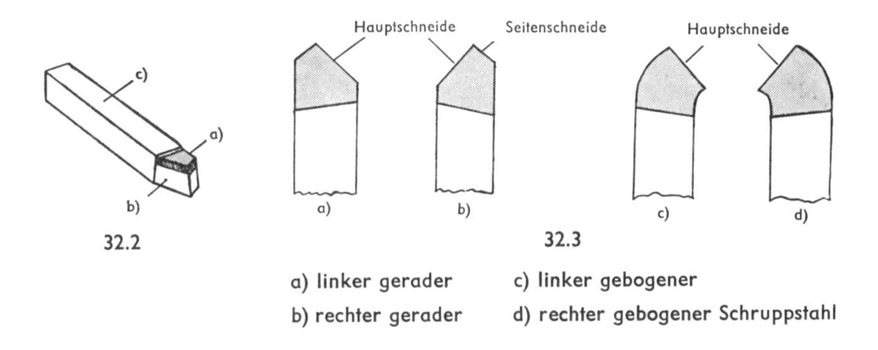

32.2

32.3

a) linker gerader c) linker gebogener
b) rechter gerader d) rechter gebogener Schruppstahl

Hauptschneide unterscheidet man rechte und linke Stähle und nach der Form gerade und gebogene Stähle.
Viele Werkzeuge müssen jedoch eine glattere Oberfläche erhalten als

---

plandrehen senkrecht zur Richtung des Drehbankbettes drehen
schruppen vorbearbeiten eines Werkstücks, wobei gröbere Späne abgenommen werden

es durch Schruppen möglich ist. Man verwendet dazu entweder den Spitzschlichtstahl a) [32.4] oder den Breitschlichtstahl b).

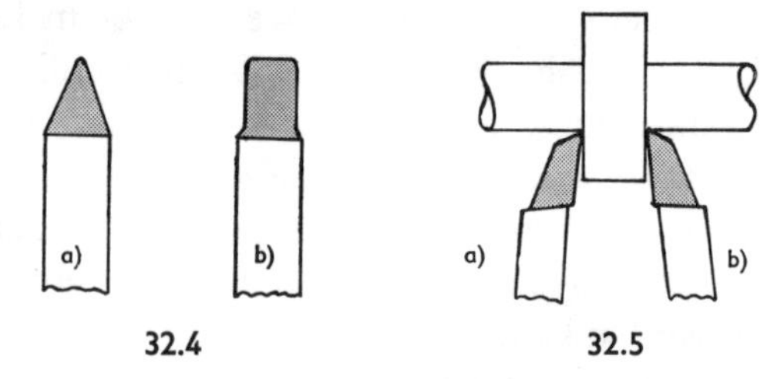

32.4 32.5

Zum Plandrehen und zum Ausdrehen scharfer Winkelecken dient der linke Seitenstahl a) oder der rechte Seitenstahl b) [32.5].
Weitere Drehstähle sind der Stechstahl a), der Gewindestahl b) und Formstähle c) [32.6].

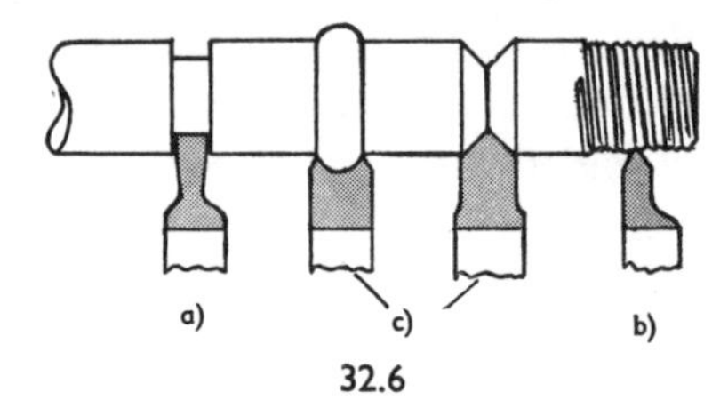

32.6

Die Bohrmaschine

In der Metallbearbeitung gehört das Bohren mit zu den wichtigsten Arbeitsverfahren. In den meisten Fällen werden die Löcher an den Werkteilen nicht mit der Handbohrmaschine, sondern mit der Senkrecht- oder Waagrechtbohrmaschine gebohrt, die sich nach der Lagerung der Bohrspindel (senkrecht oder waagrecht) unterscheiden.
Eine Art der Senkrechtbohrmaschinen ist die sogenannte Säulenbohrmaschine [33.1], deren säulenförmiger Ständer a) die Hauptteile der Maschine trägt, und die auf einer Grundplatte b) fest montiert sind. Mit einer solchen Bohrmaschine soll jetzt ein Werkstück gebohrt werden.

---

schlichten feinbearbeiten von Werkstücken, wobei feine Späne abgenommen werden

Auf dem Bohrtisch c) mit den Nuten d) wird das Werkstück fest aufgespannt. Den richtigen Abstand zwischen Bohrer und Tisch stellt man durch Drehen der Handspindel e) ein. Die Auf- und Abwärtsbewegung erfolgt mittels Zahnrad und Zahnstange f). Sobald die richtige Höhe eingestellt ist, muß der Bohrtisch mit dem Hebel g) an der Säule festgeklemmt werden, um zu verhindern, daß sich dieser beim Bohren bewegt.

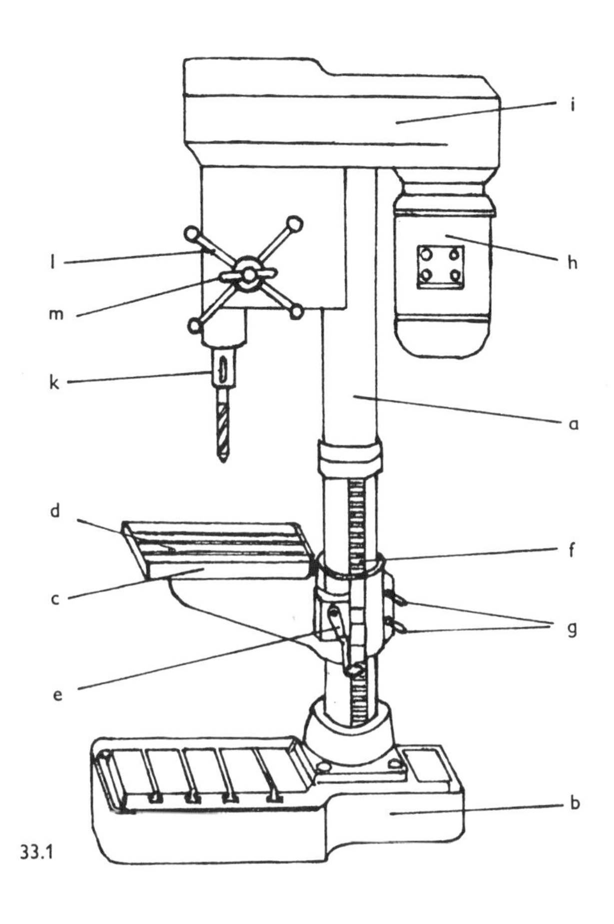

33.1

die Nut, -en längliche Vertiefung

Man achte immer auf sicheres und festes Einspannen auch des kleinsten Werkstückes. Festhalten mit der Zange oder der Hand kann zum Herumschleudern des Stückes und damit zu Handverletzungen führen.
Liegt das Werkstück genau unter dem Bohrer, dann schaltet man den Elektromotor h) ein. Die Leistung des Motors wird über ein Getriebe i) auf die Bohrspindel k) übertragen, und der Bohrer dreht sich. Bewegt man den Hebel 1) nach abwärts, so kommt der Bohrer auf das Werkstück und frißt sich immer weiter in das Metall. Dieser Vorschub kann auch automatisch erfolgen, wenn man die Schraube m) festzieht. (Der Bohrer wird von Zeit zu Zeit mit einem Bohröl gekühlt und geschmiert). Nach Erreichen der eingestellten Bohrtiefe wird der Vorschub selbsttätig unterbrochen und die Maschine von Hand abgeschaltet.
Kleine Bohrspäne sollen nicht weggeblasen und während des Betriebes nicht mit der Hand, sondern mit einem Besen entfernt werden, um Augen- und Handverletzungen zu vermeiden.
Man trage stets enganliegende Kleidungsstücke und sorge dafür, daß die Kopfhaare nicht herunterhängen. Sie könnten von der Bohrspindel erfaßt werden, was zu Verletzungen führen kann.

Der Elektromotor [34.1] (Schnittzeichnung) ist bei den meisten Werkzeugmaschinen das eigentliche Antriebsorgan. Häufig wird dabei jedoch der Motor direkt an die Maschine angeflanscht, wie an die Bohrmaschine [33.1]. Auf der Welle a) sitzt eine Riemenscheibe b), welche die Motorleistung auf die Arbeitsmaschine überträgt. Die Welle nimmt außerdem den Kurzschlußläufer c) (Käfigläufer) und die Kugellager d) auf. Das Ständerblechpaket e) ist mit dem Gehäuse f) verbunden. Die Wicklung g) wird meist an ein Drehstromsystem mit einer Spannung von 380 V angeschlossen. Der Lüfter h) sorgt für ausreichende Kühlluft-Zufuhr und führt die vom Motor erzeugte Wärme ab. Die beiden Lagerschilde i) aus Gußeisen sind mit Bolzenschrauben k) am Gehäuse befestigt. Zum Schutz gegen Berührung und feste Fremdkörper sind

anflanschen verbinden (durch einen scheibenförmigen Rand)
der Ständer (Stator) feststehender Teil einer sich drehenden elektrischen Maschine
V Volt, Maßeinheit der elektrischen Spannung

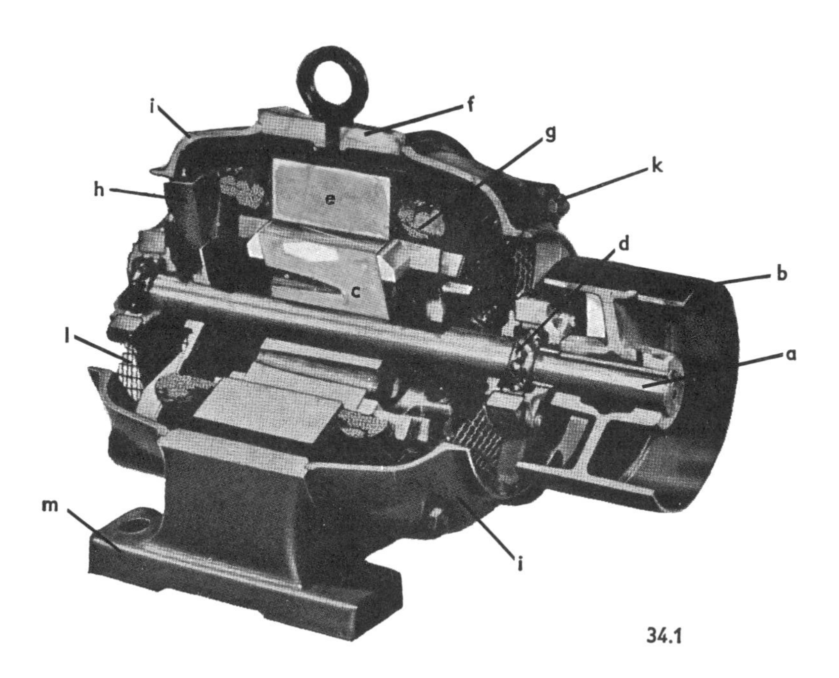

34.1

die Lagerschilde an den Lüftungsöffnungen mit Drahtgitter l) abgedeckt. Damit ergibt sich für den dargestellten Motor die Schutzart P 21, d.h. »geschützt«.
Der Motor hat die Bauform B 3, da er zwei Lagerschilde und ein Gehäuse mit Füßen m) besitzt.

Außer der Säulenbohrmaschine gibt es noch verschiedene andere Bauarten. Die kleinere Tischbohrmaschine wird auf der Werkbank montiert und eignet sich für kleinere Bohrungen. Bei der Ständerbohrmaschine ist die Säule durch einen kastenförmigen sehr stabilen Ständer ersetzt. Daher können mit dieser Ausführung große Löcher gebohrt werden.
In der Massenfertigung werden Mehrspindelbohrmaschinen eingesetzt, die mit mehreren Spindeln ausgerüstet sind. In einem Arbeitsgang können dadurch mehrere Löcher gebohrt werden.
Auch die Reihenbohrmaschine gehört zur Massenfertigung. Mehrere Bohrmaschinen sind in einer Reihe zu einer Einheit zusammengebaut.

Nacheinander können an einem Werkstück verschiedene Arbeitsgänge, z. B. Bohren, Reiben, Senken, durchgeführt werden.
Bei der Auslegerbohrmaschine [35.1] (auch Radialbohrmaschine) wird der Bohrschlitten a) von dem Ausleger b) getragen und ist in radialer Richtung verschiebbar. Diese Maschine eignet sich besonders für große Werkstücke.

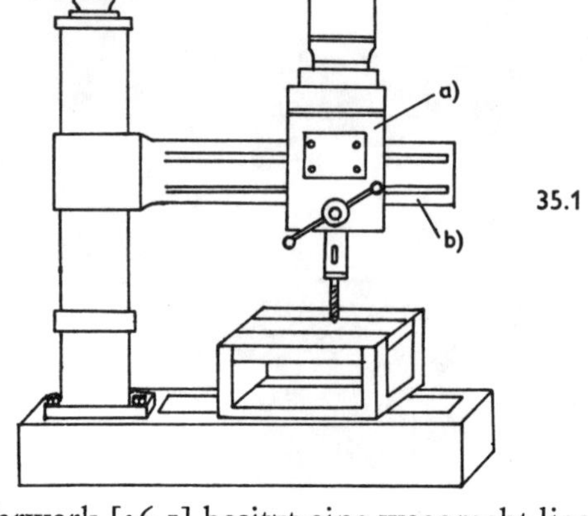

35.1

Das Waagrechtbohrwerk [36.1] besitzt eine waagrecht liegende Bohrspindel a) mit der ein Werkstück gebohrt, gefräst und gedreht werden kann Bei Verwendung von langen Bohrstangen b) werden diese von einem Hilfsständer c) gestützt. Der Bohrschlitten d) ist am Maschinenständer e) auf- und abwärts beweglich. Das Werkstück f) wird auf den Maschinentisch g) gespannt.

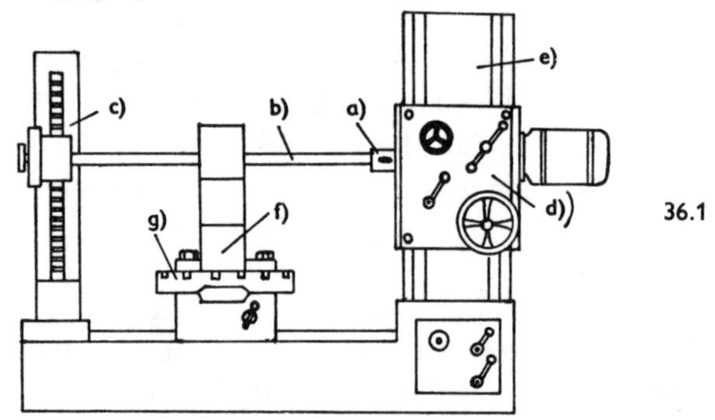

36.1

---

reiben ist ein Verfahren, durch das Bohrungen besonders maßgerecht und glatt werden – *senken* aufbohren vorgebohrter Löcher

In der Metallindustrie ebenfalls häufig verwendete Werkzeugmaschinen sind die Hobelmaschine [37.1] und die Fräsmaschine [37.2]. Bei

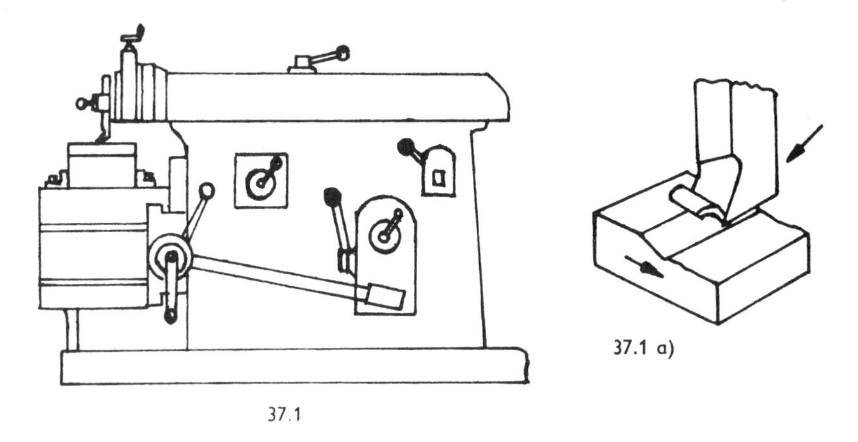

37.1 a)

37.1

der Hobelmaschine werden die Späne durch die geradlinige Hauptbewegung streifenweise vom Werkstück getrennt [37.1 a)]. Mit der Fräsmaschine können Werkstücke mit ebenen und gekrümmten Flächen, Nuten, Schlitzen und dergl. versehen werden. Der Fräser a) [37.2] trennt durch seine Drehbewegung die Späne vom Werkstück ab.

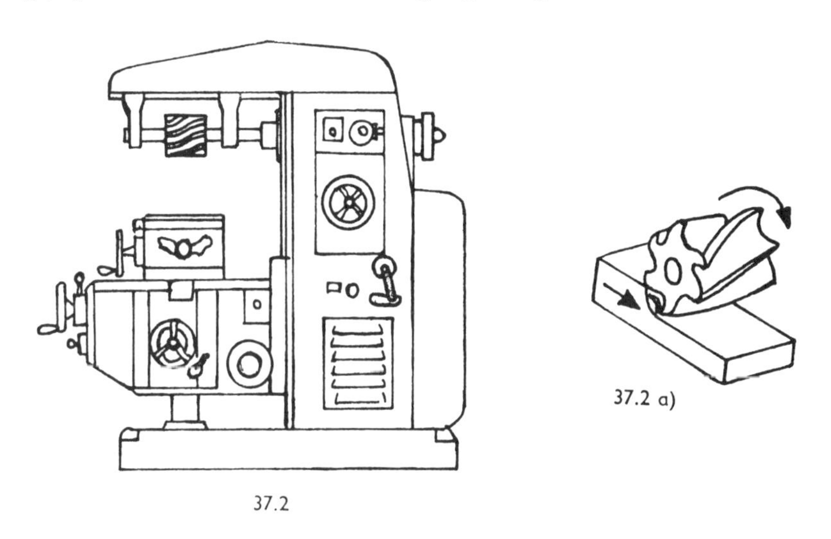

37.2 a)

37.2

Wartungs- und Betriebsvorschriften für eine Säulenbohrmaschine

Denke daran, daß auch eine Maschine Pflege braucht! Willst du Freude an der Maschine haben, vergiß nicht die sorgfältige Wartung der dir anvertrauten Maschine! Sie wird es dir durch Zuverlässigkeit und lange Lebensdauer danken. Denke stets daran, daß die Maschine dich bei der Arbeit unterstützt, du darfst sie nicht vernachlässigen, sonst kann sie dich im entscheidenden Augenblick im Stich lassen.
Die nachstehenden Punkte helfen dir, die Maschine immer einsatzbereit zu halten.

I. Aufstellung

Sofern guter tragfähiger Boden vorhanden ist, benötigt die Maschine kein besonderes Fundament. Bei Betonboden wird die Maschine nur mit einer Wasserwaage ausgerichtet und mit Zement untergossen. Die Grundplatte ist zweckmäßigerweise mit Fundamentschrauben zu befestigen, wobei ein Verspannen zu vermeiden ist, da sonst Vibrationen der Maschine entstehen können.

II. Wartung

Vor Inbetriebnahme ist von allen blanken Teilen der Schutzlack mit Petroleum zu entfernen.
Besonders sorgfältig muß dies an der Säule geschehen, da zurückbleibende Lackreste in kurzer Zeit zu einem schweren Gang des Tischauslegers führen. Hierauf sind die blanken Teile mit gutem dünnen Maschinenöl zu ölen. Danach ist der Getrieberaum des Schaltgetriebes mit mittelschwerem Getriebeöl aufzufüllen. Die Ölfüllung soll erstmalig nach etwa 50 Betriebsstunden, später halbjährlich abgelassen und erneuert werden.
Sämtliche anderen beweglichen Teile sind mit Schmiernippeln ausgerüstet. Hierfür ist einwandfreies Kugellagerfett zu verwenden. Regel-

---

die Wartung Pflege – *jm et. anvertrauen* jm et. Wertvolles übergeben, benutzen lassen – *jn (et.) vernachlässigen* sich nicht darum kümmern – *jn im Stich lassen* nicht funktionieren, wenn es nötig ist

et. ausrichten et. richtig (senkrecht oder waagerecht) hinstellen

verspannen ungleichmäßiges Anziehen der Befestigungsschrauben

der Nippel kurzes, durchbohrtes Verbindungsstück

mäßiges Abschmieren und regelmäßiger Ölwechsel sowie Sauberhaltung der beweglichen Teile erhöhen die Lebensdauer der Maschine.

III. Inbetriebnahme

Zur Inbetriebnahme der Maschine wird der Motorschalter eingeschaltet. Stimmt die Drehrichtung der Bohrspindel mit den Angaben der Hinweisschilder nicht überein, so sind zwei Leiter des Anschlußkabels zu vertauschen. Drehrichtung der Bohrspindel: rechts im Uhrzeigersinn von oben gesehen.

IV. Bohrspindel

Die Bohrspindel ist am Spindelkopf in einem Ringrillenlager gelagert, das ohne jedes Spiel eingebaut wird. Dieses Lager behält während seiner Lebensdauer, die etwa der der gesamten Maschine gleichkommt, eine praktisch gleichbleibende Genauigkeit, so daß keine Nachstellvorrichtung erforderlich ist. Es ist zu empfehlen, das Lager in Abständen von jeweils ½ Jahr mit reinem Petroleum auszuspritzen und mit säurefreier Kugellagervaseline frisch einzufetten. Das obere Spindellager ist gegen das untere Drucklager außerdem durch eine starke Feder verspannt, so daß auch nach jahrelangem Gebrauch kein axiales Spiel der Spindel auftreten kann.
Die Rundlaufgenauigkeit der Bohrspindel wird im Herstellwerk genauestens überprüft. Sollten beim Bohren Abweichungen auftreten, so ist zuerst der Bohrer zu untersuchen, ob nicht einseitiger Anschliff zum Ausweichen der Spindel führt.

V. Tischverstellung

Zum Verstellen des Tisches wird der Klemmgriff an der Rückseite des Auslegers gelöst. Dann kann der Tisch nach oben oder unten durch die Handkurbel verstellt werden. Vor dem Bohren ist der Klemmgriff wieder fest anzuziehen.

VI. Besondere Hinweise

Bei sämtlichen Arbeiten, die im Inneren der Maschine vorzunehmen

ohne jedes Spiel ohne sich in andrer Richtung als in der vorgeschriebenen zu bewegen, ohne hin- und herzuwackeln
axial in der Achse gelegen

sind, wie Riemen auswechseln usw., ist der Hauptschalter zu öffnen. Zieht die Maschine nicht mehr gut durch, so sind die Laufflächen der Keilriemen von Öl und Fett zu reinigen. Die richtige Spannung der Riemen ist besonders zu beachten.

Auszug aus den maßgebenden Bestimmungen der »Unfall-Verhütungs-Vorschriften für Schleifkörper und Schleifmaschinen«

1) Schleifkörper sind an trockenen Orten, bei möglichst gleichbleibenden Temperaturen zu lagern und besonders bei der Beförderung sorgsam vor Stößen und Erschütterungen zu bewahren.
2) Schleifmaschinen müssen mit nachstellbaren Schutzhauben aus zähem Baustoff ausgerüstet sein, die bei einem Zerspringen der Schleifkörper die Bruchstücke sicher auffangen können. Die Schutzhauben dürfen nur den für die Arbeit benötigten Teil des Schleifkörpers freilassen.
3) Das Nachstellen der Schutzhauben muß der Abnutzung des Schleifkörpers entsprechend erfolgen.
4) Macht die Art der auszuführenden Arbeit die Verwendung von Schutzhauben unmöglich, sind entweder konische Scheiben mit entsprechenden Spannflanschen oder gerade Scheiben mit Gummi-Zwischenlagen aufzuspannen. Letzteres ist jedoch nur bis 40 mm Scheibenbreite zulässig.
5) Vor jedem Aufspannen sind die Schleifkörper freischwebend einer Klangprobe zu unterziehen; einwandfreie Schleifkörper geben beim leichten Anschlagen einen klaren Klang. Beschädigte Schleifkörper dürfen nicht verwendet werden.
6) Die Schleifkörper müssen sich von Hand leicht und ohne Gewalt (ohne Hammerschläge) auf die Schleifspindel oder die Aufnahme-Vorrichtung aufschieben lassen und mit ihnen zuverlässig verbunden werden.
7) Zwischen den Schleifkörper und die Spannflanschen sind Zwischenlagen aus elastischem Stoff (Gummi, weiche Pappe, Filz, Leder dergl.) zu legen.

---

eine Maschine ausrüsten sie versehen mit et. konisch kegelförmig
der Flansch, -en scheibenförmiger Rand, der zur festen Verbindung mit anderen Teilen dient

8) Der Durchmesser der Spannflanschen gerader Schleifscheiben muß bei Verwendung von Schutzhauben mindestens $\frac{1}{3}$ des Scheiben-Durchmessers, bei Aufspannung mit Gummi-Zwischenlagen $^2/_3$, bei konischen Scheiben $\frac{1}{2}$ des Scheibendurchmessers betragen. Die Spannflanschen müssen die Schleifscheiben zu mindestens $^1/_6$ ihrer Höhe überdecken und sind so auszusparen, daß nur eine ringförmige Fläche mit einer Breite von etwa $^1/_6$ des Spannflansch-Durchmessers anliegt. Es dürfen nur gleich große und auf der Anlageseite gleich geformte Spannflanschen verwendet werden.

9) Nach jeder neuen Aufspannung ist der Schleifkörper einem Probelauf von mindestens 5 Minuten Dauer mit der vollen Betriebsgeschwindigkeit zu unterziehen. Dabei ist der Gefahrenbereich abzusperren. Erst nach einwandfreiem Verlauf dieser Prüfung darf der Schleifkörper benützt werden.

10) Die Schleifkörper sind rundlaufend zu erhalten. Zum Abrichten unrund gewordener Schleifkörper sind geeignete und gesicherte Werkzeuge bereitzuhalten.

11) Bei Trockenschliff müssen zum Schutze der Augen Schutzbrillen getragen werden.

12) Schutzbrillen sind nicht erforderlich, wenn die Schleifmaschinen für leichtere, kurzfristige Arbeiten mit Schutzfenstern gegen Funkenflug ausgerüstet werden. Die Fenster müssen aus nichtsplitterndem Glas in Metallrahmen bestehen und sollen durch Gelenke einstellbar sein; sie müssen sich in solcher Höhe über der Werkstückauflage befinden, daß sie das Zuführen des Werkstückes nicht behindern.

13) Die Wellenenden von Schleifmaschinen sind zu verkleiden, wenn die Enden um mehr als ein Viertel des Wellendurchmessers aus der Spannmutter herausragen. Glatte Wellenenden unter 5 cm Länge bedürfen keiner Verkleidung, sind aber abzurunden, Innengewinde sind gegen Hineingreifen zu sichern.

---

aussparen eine Fläche freilassen
einem Probelauf unterziehen zur Probe laufen lassen
der Gefahrenbereich, -e das Gebiet, wo eine Gefahr besteht
absperren so sichern, daß niemand hingehen kann
einwandfrei tadellos
abrichten wieder in Ordnung bringen

14) Die Werkstückauflagen der Schleifmaschinen für Handschliff müssen nachstellbar sein. Sie sind stets dicht an den Schleifkörper heranzustellen. Dies gilt auch für Seitenschliff. »U«-förmige Werkstückauflagen sind unzulässig.
15) Beim Trockenschleifen im Dauerbetrieb ist der Schleifstaub abzusaugen.
16) Schleifmaschinen mit mehreren Drehzahlstufen müssen zwangsweise wirkende Verriegelungen besitzen, die das Einschalten der höhern Drehzahl bei zu großen Schleifscheiben-Durchmessern verhindern.
17) Es dürfen nur Schleifkörper verwendet werden, welche die folgenden Angaben tragen: 1. Hersteller, 2. Art der Bindung, 3. Abmessungen der Schleifscheiben, 4. zulässige Umdrehungszahl des neuen Schleifkörpers.

ANTRIEBSMASCHINEN

Die Erfindung der Dampfmaschine

James Watt gilt allgemein als der Erfinder der Dampfmaschine, nachdem er erkannt hatte, daß der durch Erhitzen von Wasser entstehende Wasserdampf direkt auf einen Kolben einen Druck ausüben kann und somit Arbeit leistet. Die Grundgedanken für diese Erfindung finden wir aber schon bei den ersten Versuchen des Magdeburger Bürgermeisters Otto von Guericke und des Franzosen Papin. Guericke hatte festgestellt, daß die Luft ein Gas ist und einen Druck ausübt. Diese Erkenntnis benutzte Papin zur Kraftgewinnung, indem er durch Dampf in einem Zylinder einen luftarmen Raum erzeugte und durch den »atmosphärischen« Druck der Außenluft einen Kolben bewegen ließ. Die weitere Entwicklung dieser Einrichtung gelang Papin jedoch nicht.

James Watt englischer Erfinder, 1736–1819
Otto von Guericke Bahnbrecher der modernen Naturwissenschaft, 1602–1686
Denis Papin französischer Physiker, 1647–1712

Von dem Engländer Savery wurde die Idee Papins aufgegriffen. Er baute die erste atmosphärische Dampfpumpe, die in den englischen Kohlengruben eingesetzt wurde und das Wasser aus den Stollen pumpte, das die Gruben schon stark überflutet hatte.
Durch die Verbesserungen von Newcomen und Smeaton an der Maschine von Savery gelang aber erst der entscheidende Schritt zum Bau der einfach wirkenden Dampfmaschine durch James Watt. Das Modell dieser Ausführung zeigt folgendes Bild.

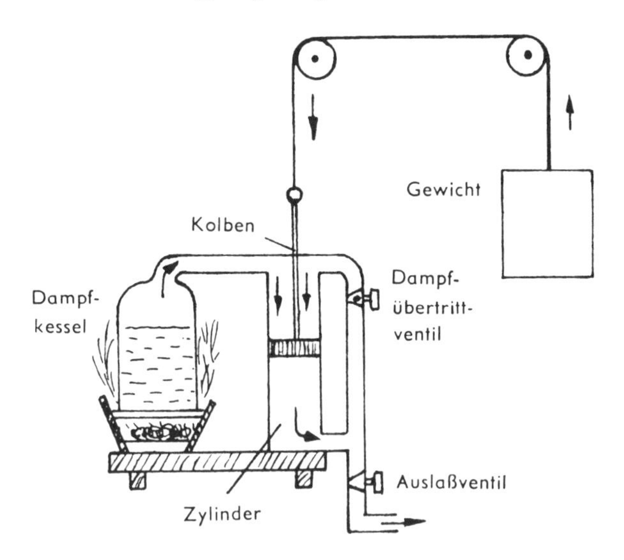

Wirkungsweise:
Das Dampf-Übertrittventil ist geschlossen, das Auslaßventil geöffnet. Der im Dampfkessel erzeugte Wasserdampf drückt den Kolben im Zylinder nach unten und zieht das Gewicht nach oben. Wird nun das Auslaßventil geschlossen und das Übertrittventil geöffnet, so kann der Dampf auch unter den Kolben strömen und stellt dadurch den Gleichgewichtszustand her. Das Gewicht kann jetzt den Kolben wieder nach oben ziehen.
Mit dieser Erfindung gelang England ein ungeheuerlicher wirtschaftlicher Aufstieg. Überall, wo in der Welt mechanische Energie erzeugt

Thomas Newcomen engl. Mechaniker, 1633–1729

werden sollte, wurde auf die Dampfmaschine zurückgegriffen, die in der damaligen Zeit nur von Engländern gebaut werden konnte. Aber von allen Nationen wurde diese Maschine gebraucht, die Energien entwickeln konnte, wie sie früher nicht denkbar waren und die man unbedingt brauchte, um mit der englischen Industrie gleichen Schritt halten zu können.

Aber die Dampfmaschine war teuer. Nur finanzkräftige Industrielle konnten die Mittel für die Anschaffung aufbringen. Für die kleinen Betriebe und Handwerker war sie unerschwinglich. Dazu kam noch der unwirtschaftliche Betrieb durch den großen Wärmeverlust. Nur ein kleiner Teil der Brennstoffenergie konnte in Dampf und in nutzbare Arbeit umgewandelt werden, der große Rest ging verloren. Noch unwirtschaftlicher war der Bau von kleinen Dampfmaschinen.

In vielen Ländern, vor allem in Frankreich und Deutschland, suchte man daher nach einer Kraftmaschine, die es ermöglichte die mechanischen Kräfte auch den Kleinbetrieben nutzbar zu machen.

Die ersten Verbrennungsmotoren

Der Franzose Lenoir, die Deutschen Bucke und Kühnemann versuchten schon in der Mitte des 19. Jahrhunderts in Modellen brennbare Flüssigkeiten und Gase in Zylindern zu verbrennen und den entstehenden Druck für die Bewegung des Kolbens zu benutzen. Die erste von Lenoir erbaute Maschine benötigte für die Erzeugung einer Pferdekraftstunde (PSh) etwa 3 cbm Leuchtgas und konnte für eine wirtschaftliche Energieerzeugung nicht in Frage kommen.

Die Konstrukteure dieser Zeit suchten vielmehr nach einer Maschine, deren Gewicht, bezogen auf die Leistung, geringer sein sollte als bei der Dampfmaschine und die vor allem wirtschaftlicher arbeiten und in der Anschaffung billiger sein sollte.

Nikolaus Otto aus Köln stellte im Jahre 1867 auf der Pariser Weltausstellung seine Gasmaschine aus, die ähnlich der von Lenoir arbeitete, aber nur etwa ein Fünftel der Gasmenge für die geleistete

Pferdekraftstunde benötigte. Trotz des guten Verkaufserfolges war diese Maschine nur eine Zwischenlösung.
Schon seit langer Zeit arbeitete Otto an einer direkt wirkenden Gasmaschine mit vier Zylindern. Der Kolben machte in jedem Zylinder vier Bewegungen für einen Arbeitshub. So entstand 1876 der Viertaktmotor, den wir heute auch Otto-Motor nennen.
Aber diese Maschine entsprach noch nicht den Vorstellungen der Konstrukteure. Trotz der Erfolge, die mit ihr erzielt wurden, war sie immer noch zu schwer und teuer, und man wollte vor allem vom Gas als Treibstoff wegkommen. Es wurden Vergaser gebaut, die es ermöglichen sollten, Benzin vor der Einführung in den Zylinder zu vergasen.
Gottlieb Daimler hatte Benzinmotoren gebaut, die bei einer Leistung von 1 PS ein Gewicht von 660 kg hatten und eine max. Drehzahl von 180 Umdrehungen pro Minute (U/min) erreichten. Bei höherer Drehzahl versagte die Zündung. Daimler löste das Problem und ließ nach seinen Angaben Anfang des Jahres 1884 drei Motoren bauen, die 900 U/min erreichten, ein Leistungsgewicht von 40 kg je PS aufwiesen und mit Benzin betrieben wurden.

Wirkungsweise des Viertaktmotors:

1. Takt (Ansaugen): In der obersten Stellung des Kolbens a), dem oberen Totpunkt, wird das Einlaßventil b) durch den Nocken c) geöffnet. Der Kolben saugt während seiner Abwärtsbewegung durch das Ansaugrohr d) Frischgas (Benzin-Luftgemisch) in den Zylinder e). Im unteren Totpunkt schließt das Einlaßventil wieder.

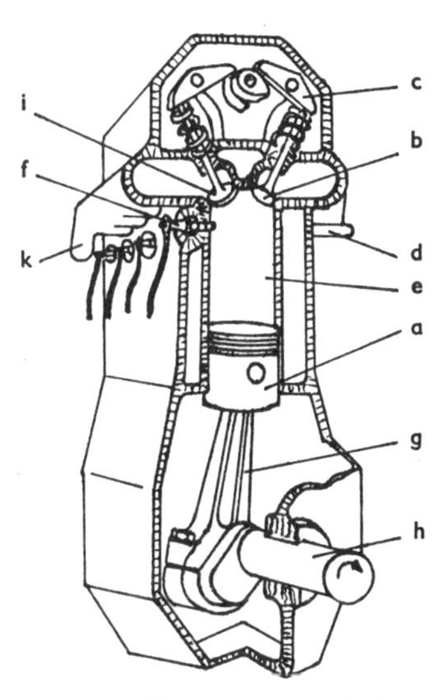

Schnittbild eines Vierzylinder-Viertaktmotors

Nicolaus Otto Kaufmann und Ingenieur, 1832–1891
Gottlieb Daimler Ingenieur und Industrieller, 1834–1900
max. maximal

2. Takt (Verdichten): Beide Ventile sind geschlossen (im Bild auf S. 37 dargestellt). Das Gasgemisch im Zylinder wird durch die Aufwärtsbewegung des Kolbens zusammengedrückt oder komprimiert (verdichtet).

3. Takt (Verbrennen): An der Zündkerze f) entsteht ein elektrischer Funke, der das Gas entzündet. Die dabei entstehende Explosion treibt den Kolben nach abwärts. Diese Kraft wird über die Pleuelstange g) auf die Kurbelwelle h) übertragen, die so in ständiger, drehender Bewegung gehalten wird.

4. Takt (Auspuffen): Im unteren Totpunkt des Kolbens öffnet sich das Auslaßventil i). Der wieder abwärtsgehende Kolben drückt jetzt das verbrannte Gas zum Auspuffrohr k) heraus. Im oberen Totpunkt schließt sich das Auslaßventil.
Erst mit dem Bau dieser Motoren wurde die umwälzende Neuerung des gesamten Verkehrswesens möglich und hat damit ganze Industrien neu ins Leben gerufen.

DIE ELEKTRIZITÄT

Die Anfänge der Elektrizität

Der Bernstein hat die Fähigkeit, kleine, leichte Körper anzuziehen und festzuhalten, wenn er gerieben wird. Diese Feststellung machten schon die Griechen im Altertum und nannten ihn wegen dieser merkwürdigen Eigenschaft »Elektron«. Obwohl diese Erscheinung des Bernsteins der Ausgangspunkt der uns heute so vertrauten Elektrizität war, dauerte es noch viele Jahrhunderte, bis sich die Forscher und Entdecker näher damit beschäftigten.
William Gilbert, der Arzt der Königin Elisabeth, konstruierte im 16. Jahrhundert eine Elektrisiermaschine, die durch Reibung eine

---

William Gilbert englischer Arzt und Physiker, 1544–1603

Spannung erzeugte. In der ganzen Welt beschäftigte sich die Wissenschaft nunmehr mit diesen elektrischen Problemen. Obwohl es schon damals gelungen war, beachtlich hohe Spannungen zu erzeugen, kam diese Form der Elektrizität doch nur für Experimentierzwecke in Frage.
Erst der italienische Arzt Volta gab im Jahre 1800 der Menschheit durch die Herstellung seiner Stromquelle, der »Voltaschen Säule«, eine Energiequelle mit praktischer Verwendbarkeit. Er nannte seine Erfindung »galvanisches Element« und deren Erscheinungen »galvanischen Strom«, nach dem Medizinprofessor Galvani. Dieser hatte schon früher in der Küche seines Hauses beobachtet, daß sich die Schenkel eines getöteten Frosches mit einem Ruck streckten, wenn man sie mit einem Messer berührte. Trotz vieler Versuche, die er daraufhin anstellte, konnte er aus dieser Beobachtung keine nutzbaren Schlüsse ziehen. Volta erkannte jedoch in dieser Erscheinung eine elektrische Spannung, die entstanden sein mußte, als das Stahlmesser die auf einem Zinnteller liegenden Froschschenkel berührte. Er wies nach, daß immer dann eine Spannung entsteht, wenn zwischen zwei verschiedene Metalle Feuchtigkeit gerät. Aus dieser Erkenntnis entstand seine schon erwähnte elektrische Batterie, der Ausgangspunkt der modernen Elektrotechnik.

Energie durch Elektrizität

Von der Erzeugung elektrischen Stromes durch die Voltasche Säule bis zur Energiegewinnung durch riesige Generatoren der heutigen Elektrizitätswirtschaft war ein weiter, mühevoller Weg. Viele Forscher, Techniker und Wissenschaftler stellten sich in den Dienst der Nutzbarmachung dieser Kraftquelle. Namen wie Ampère, der die elektrodynamischen Wirkungen des elektrischen Stromes erforschte, Farady, der die elektromagnetische Induktion entdeckte, der Däne

Graf Alessandro Volta italienischer Physiker, 1745–1827
Luigi Galvani italienischer Arzt und Naturforscher, 1737–1798
André Marie Ampère französischer Naturforscher, 1775 bis 1836
Michael Farady englischer Naturforscher, 1791–1867

Ørsted, dem die Entdeckung des Elektromagnetismus gelang, die deutschen Theoretiker Hertz und Ohm, sie alle sind mit der Elektrotechnik unauslöschlich verbunden. Die elektrischen Maßeinheiten sind alle nach diesen großen Männern benannt und erinnern uns immer wieder an ihre hervorragenden Entdeckungen. So bezeichnen wir die elektrische Spannung mit Volt (V), den Strom mit Ampère (A), den Widerstand mit Ohm (Ω), die Kapazität mit Farad (F), die Induktivität mit Henry (H) und die Periodenzahl mit Hertz (Hz).
Auf der Entdeckung Michael Faraday's, daß in einer Drahtschleife ein elektrischer Strom entsteht, wenn man diese durch ein Magnetfeld bewegt, beruhen alle Anwendungen des Elektromagnetismus. Bei

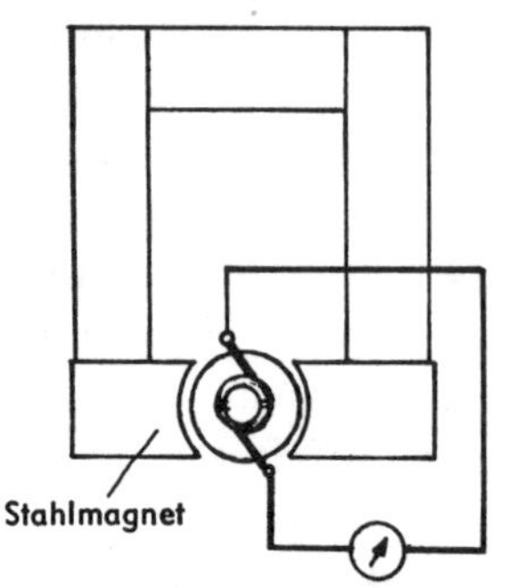

Magnetelektrische Maschine

dem ersten rotierenden Stromerzeuger, der magnetelektrischen Maschine, wurden mehrere Drahtwindungen im Magnetfeld von Stahlmagneten gedreht. Durch die Drehbewegung wurde elektrischer Strom gewonnen. Leider aber verging der Magnetismus dieser sogenannten Dauermagnete im Laufe der Zeit und diese Stromerzeugung war daher sehr unzuverlässig und begrenzt. Bessere Erfolge erzielte man bei Maschinen, die durch eine Batterie oder durch eine andere magnetelektrische Maschine fremderregt wurden. Die Stahlmagnete erhielten eine Wicklung und wurden an eine dieser Stromquellen angeschlossen. Dadurch verstärkte sich das Magnetfeld erheblich und es konnte ein größerer Strom erzeugt werden.

Hans Christian Ørsted, dänischer Physiker, 1777–1851
Heinrich Hertz deutscher Physiker, 1857–1894
Georg Simon Ohm deutscher Physiker, 1787–1854

Zu diesem Zeitpunkt, im Jahre 1866, machte Werner von Siemens seine für die Starkstromtechnik bahnbrechende Entdeckung des

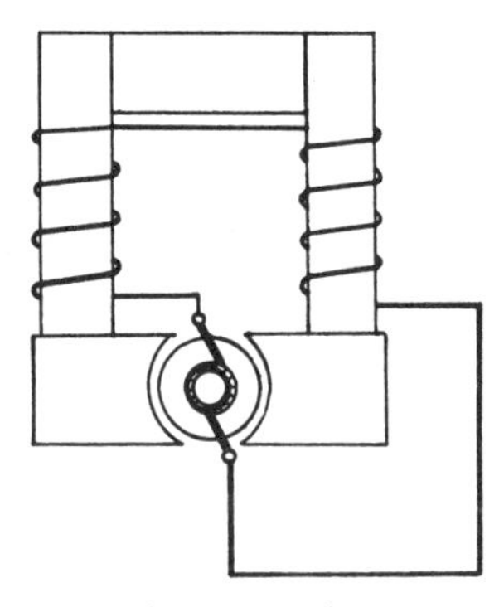

Maschine mit dynamo-elektrischem Prinzip

dynamo-elektrischen Prinzips. Dieses beruht auf der Tatsache, daß in dem Elektromagneten einer dynamo-elektrischen Maschine ein Restmagnetismus zurückbleibt und dieser in dem umlaufenden Anker einen Strom erzeugt. Leitet man nun diesen Strom wieder durch die Erregerwicklung des Elektromagneten, so wird der schon vorhandene Magnetismus verstärkt und in der Ankerwicklung dadurch ein noch größerer Strom erzeugt usw. Diese gegenseitige Verstärkung von Magnetfeld und Ankerstrom ist die sogenannte Selbsterregung.
Für seine erste Dynamomaschine verwendete Werner von Siemens einen Doppel-T-Anker, den er auch in den Stromerzeugern für Telegraphen benützte. Im Deutschen Museum zu München steht im Ehrenraum der Elektrotechnik das Original dieser ersten Dynamomaschine.

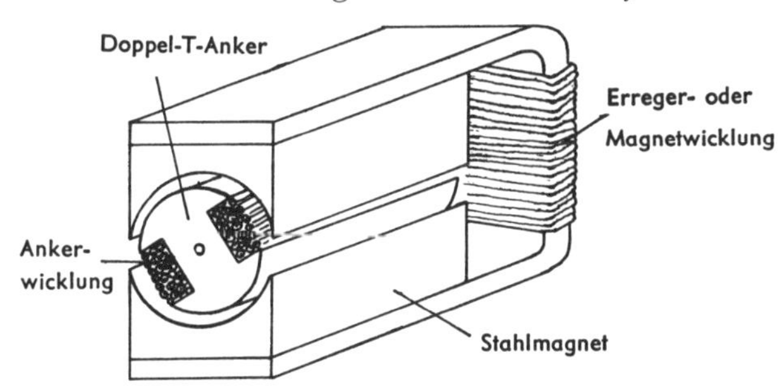

Prinzipieller Aufbau einer Dynamomaschine

Trotz der ersten brauchbaren Stromerzeugung durch die Dynamomaschine mit dem sehr einfachen, zweiteiligen Kommutator (Stromwender) mußten noch viele Änderungen und Verbesserungen angebracht werden, bis sie die heutige technische Vollendung erreicht hatte. Große Schwierigkeiten bereiteten Werner von Siemens die großen magnetischen Kräfte, die der Drehung des Ankers einen erheblichen Widerstand entgegensetzten. Obwohl ihm klar war, daß durch das Gesetz von der Erhaltung der Energie eine große mechanische Kraft zur Erzeugung des starken elektrischen Stromes erforderlich war, glaubte er doch, das normale Maß sei erheblich überschritten. Diese Annahme widerlegte sich nach weiterer Entwicklung der Meßtechnik von selbst, als vergleichende Messungen mit Spannungsmesser (Voltmeter), Strommesser (Ampèremeter) oder Dynamometer (Kraftmesser) möglich waren.
Nicht so einfach war die Behebung einer anderen Unzulänglichkeit: die Erwärmung des Ankereisens. Viele Versuche wurden angestellt, um die sehr hohen Temperaturen auf ein erträgliches Maß zu bringen. Dabei wandte man auch die Wasserkühlung an und erzielte einen vorübergehenden Erfolg. Aber erst durch den Aufbau des Ankers aus lamellierten Blechen konnte die von Wirbelströmen verursachte Erwärmung zum größten Teil vermieden werden.
Die Funkenbildung am Kommutator einer Dynamomaschine wurde eigenartigerweise damals nicht als Unzulänglichkeit empfunden. Man war vielmehr der Meinung, daß Funken am Kommutator ein Beweis für einwandfreies Funktionieren der Maschine seien. Friedrich v. Hefner-Alteneck sah jedoch darin eine unerwünschte Begleiterscheinung und versuchte durch Änderung der Stromabnahmeorgane (Bürsten) eine Besserung zu erzielen. Diese Bemühungen waren jedoch nicht von Erfolg. Erst durch Verfeinern der Kommutatorteilung wurde das Übel behoben.

---

et. widerlegen zeigen, daß et. nicht richtig ist
die Unzulänglichkeit et., was nicht ausreicht, nicht genügt, noch nicht ganz in Ordnung ist
lamelliert aus vielen dünnen Scheiben bestehend
et. vermeiden (vermied, vermieden) et. nicht tun, ausschließen
ein Übel beheben (behob, behoben) es beseitigen

Elektrische Installation eines Wohnhauses

Hausanschluß

Der elektrische Strom ist in einem modernen Wohnhaus nicht wegzudenken. Während früher die Beleuchtung und Heizung fast ausschließlich durch die zur Verfügung stehenden Energiequellen, wie Gas, Petroleum und dgl. erfolgte, ist heute das elektrische Licht, der Elektroherd, der Kühlschrank und noch viele andere Geräte fast in jedem neuen Wohnbau eine Selbstverständlichkeit. Die Zuführung elektrischer Energie ist also stets erforderlich.

Nach den jeweiligen Umständen erfolgt der Hausanschluß entweder durch Dachständereinführung, Giebeleinführung oder Kabelanschluß.

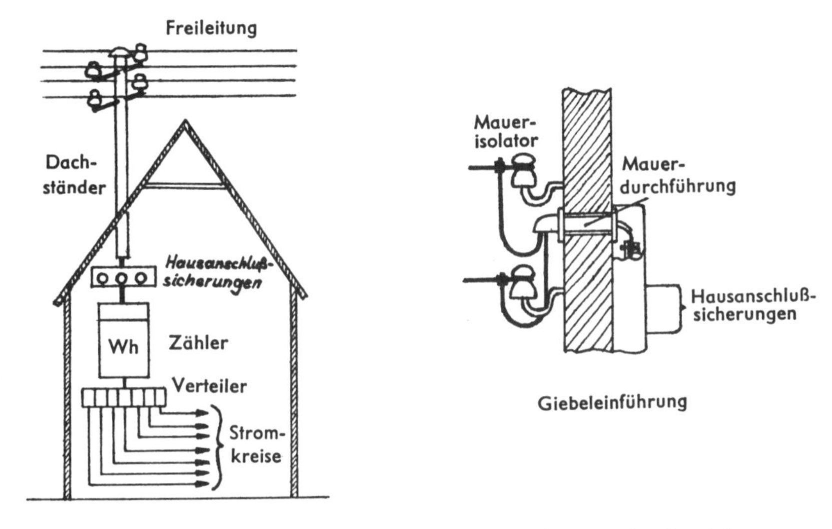

Die Dachständereinführung wird meist in den Außenbezirken von Städten vorgesehen. Die Freileitungen werden von einem Dachständer zum anderen gespannt. Nur bei großen Entfernungen muß die Leitung durch einen Holzmast abgestützt werden.

Bei der Giebeleinführung nehmen Mauerisolatoren den Drahtzug der Freileitung auf. Die Durchführung der Leitungen durch die Mauer soll so hergestellt sein, daß von außen kein Wasser eindringen und Schwitzwasser abfließen kann. Bei der Dachständer- und Giebelein-

führung erfolgt der Anschluß der Leitungen innerhalb des Gebäudes an die Hausanschlußsicherung.
Erfolgt die Zuführung der elektrischen Energie durch Kabel (was meist in den Städten der Fall ist), so wird dieses an den Hausanschlußkasten mit den Sicherungen geführt. Von hier aus wird die Energie durch die Steigleitung den Verteilerstromkreisen in den einzelnen Stockwerken über Zähler zugeführt. Jede Mietpartei erhält einen

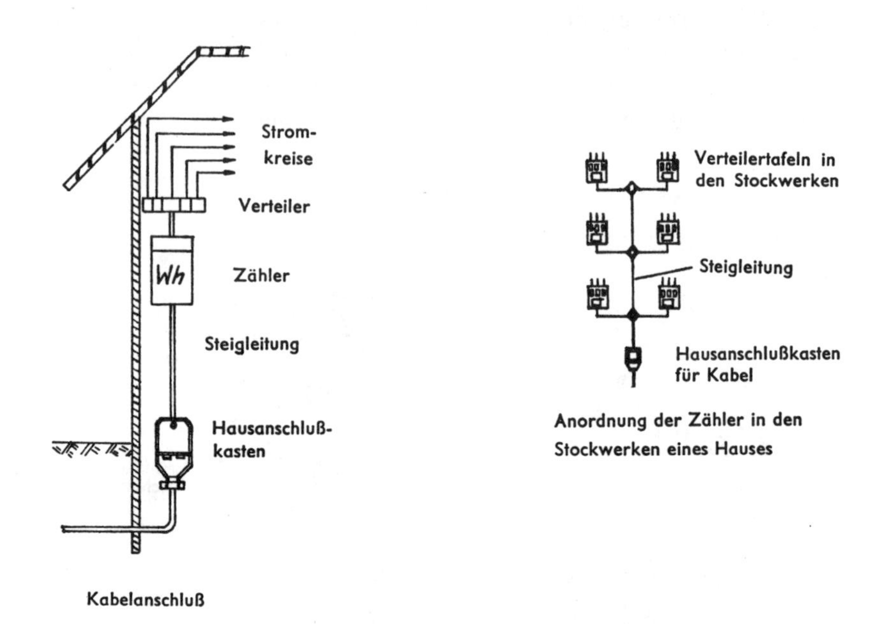

Kabelanschluß

Anordnung der Zähler in den Stockwerken eines Hauses

Zähler, der die verbrauchte elektrische Arbeit in kWh (Kilowattstunden) zählt. Von einer besonderen Verteilung aus, in die der Zähler, die Sicherungen oder Automaten eingebaut sind, werden die einzelnen Stromkreise für die Wohnung verlegt.

Wohnungsinstallation

Die einzelnen Verbraucherstromkreise werden in der Verteilung besonders abgesichert. Zweckmäßigerweise sind Licht- und Gerätestromkreise (Steckdosen) voneinander zu trennen. Die Installation auf Putz, bei der Isolierrohr oder Rohrdraht mit Schellen auf der Wand befestigt wird, verwendet man meist nur noch bei Nachinstalla-

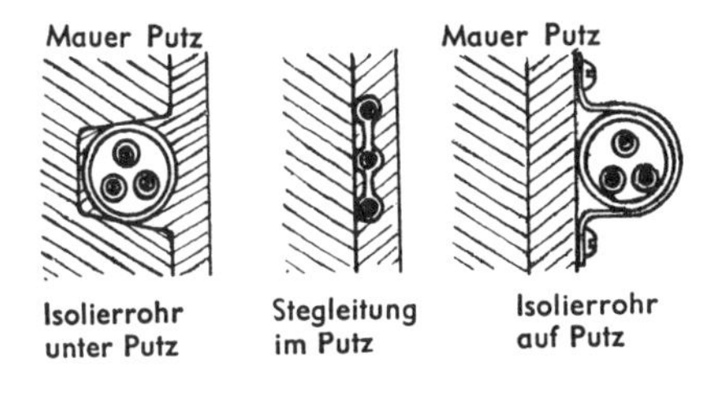

Möglichkeiten der Leitungsverlegung

tionen und in Holzbauten, Bodenräumen usw. Auch in Räumen, in denen mit häufiger Änderung der Installation gerechnet wird und die sichtbaren Leitungen nicht stören, wendet man diese Installationsart an.

In den Wohnräumen bevorzugt man heute meist die Installation »im Putz«, bei der, im Gegensatz zur Unterputzinstallation mit Rohr, keine Leitungskanäle in die Mauer gestemmt werden müssen. Es wird daher meist die Stegleitung von 1,5 mm² Leiterquerschnitt verlegt. Die Befestigung erfolgt vor dem Verputzen auf dem Mauerwerk durch Stahlnägel mit Isolier-Beilegscheibe oder Gips.

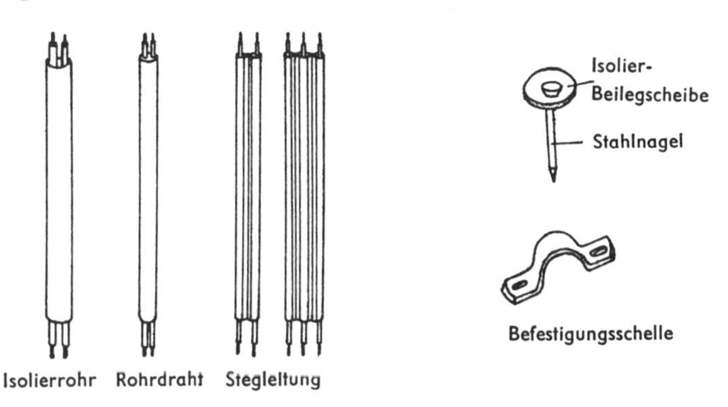

Die Anordnung der Schalter und Steckdosen erfolgt wie die Leitungsinstallation ebenfalls unter Putz. In Badezimmern ist besonders zu be-

---

die Schelle, -n hier: gebogenes Metallstück zur Befestigung von Rohren achten, daß nur Steckdosen mit Schutzkontakt installiert werden. Von der Badewanne aus dürfen Schalter und Steckdosen nicht erreichbar sein.

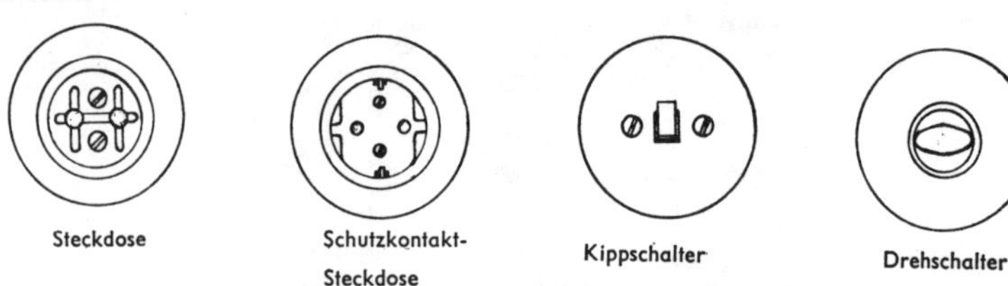

Steckdose — Schutzkontakt-Steckdose — Kippschalter — Drehschalter

Schutzkontakt-Stecker

Die elektrischen Geräte werden bei der Festlegung einer Wohnungsinstallation durch Schaltzeichen in einem Bauplan dargestellt. Je nach den Erfordernissen werden für einzelne Lichststromkreise verschiedene Schalterarten verwendet.

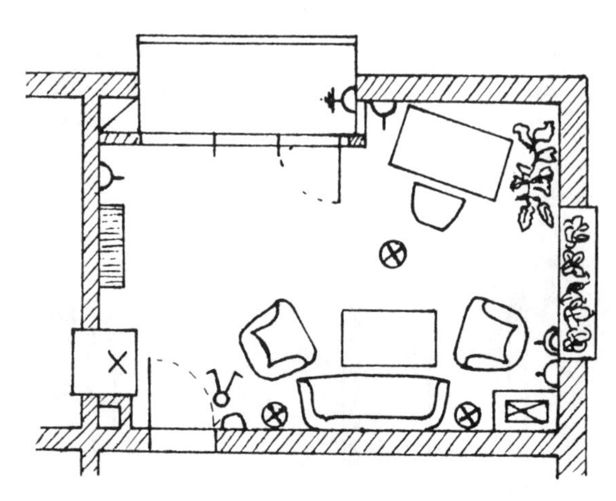

Schaltzeichen

- Steckdose
- Schutzkontakt-Steckdose
- Antennensteckdose
- Leuchte allgemein
- Elektrowärmegerät
- Ausschalter
- Serienschalter
- Wechselschalter
- Kreuzschalter
- Taster

Mit dem »Ausschalter« kann eine Lampe oder Lampengruppe ein- oder ausgeschaltet werden.
Den »Serienschalter« verwendet man für mehrflammige Leuchten, bei denen die Lampen in Gruppen oder auch zusammen eingeschaltet werden sollen.

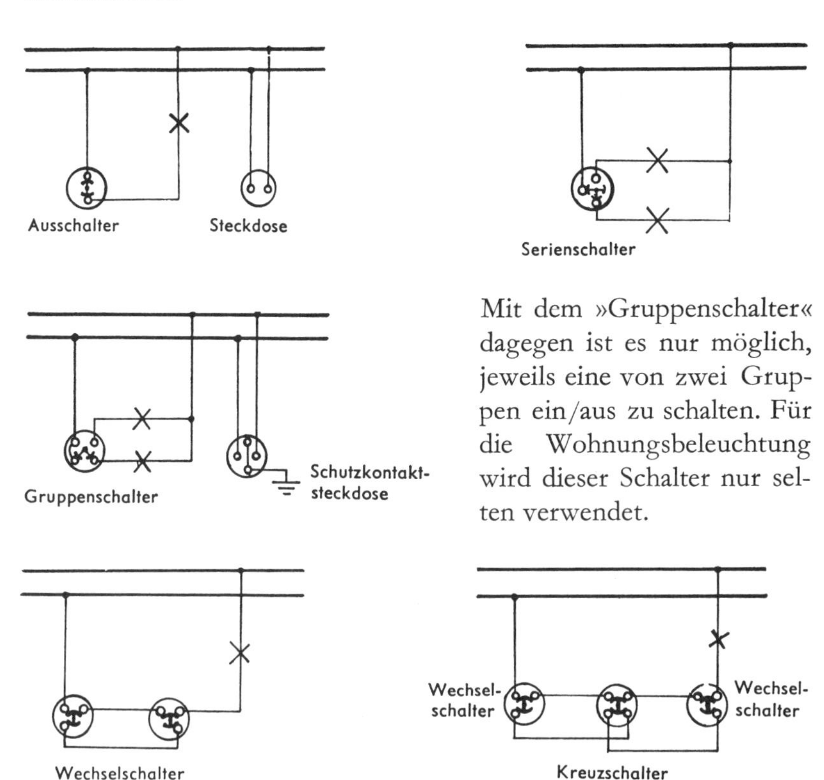

Mit dem »Gruppenschalter« dagegen ist es nur möglich, jeweils eine von zwei Gruppen ein/aus zu schalten. Für die Wohnungsbeleuchtung wird dieser Schalter nur selten verwendet.

Hauptsächlich für Flur- und Treppenhausbeleuchtung wird der »Wechselschalter« benötigt, damit eine Lampe von zwei verschiedenen Stellen aus bedient werden kann.
Soll eine Lampe von mehr als von zwei Stellen aus zu schalten sein, bedient man sich des »Kreuzschalters«. Für eine solche Anlage werden so viele Kreuzschalter benötigt, wie außer den zwei Stellen der Wechselschalter noch Ein- und Ausschaltmöglichkeiten gewünscht werden.

Organisation eines Werkes für die Herstellung von Elektro-Großmaschinen

Der Bau von großen Maschinen bedingt durch die Vielfalt der auszuführenden Arbeiten in Büro und Werkstatt eine straffe Organisation des Betriebes. Angefangen von der Projektierung, Berechnung und Konstruktion einer Maschine bis zur Einplanung in die Fertigung und Montage, sind umfangreiche Vorarbeiten zu leisten, die in den verschiedenen Abteilungen durchgeführt werden. Der dabei verhältnismäßig große Aufwand an Verwaltung ist jedoch für eine reibungslose und termingerechte Durchführung aller Arbeiten nicht zu umgehen. Nachstehende Ausführungen sollen den möglichen Aufbau und die Organisation eines Werkes zeigen.

Alle Abteilungen des Betriebes unterstehen der *Werksleitung*. Hier werden wichtige innerbetriebliche Entscheidungen getroffen, die auf das ganze Werk von Einfluß sind.

a) Unter der *technischen Leitung* sind sämtliche Berechnungsbüros, Konstruktionsabteilungen, Prüf- und Versuchsfelder sowie die Laboratorien zusammengefaßt.

In den *Berechnungsbüros*, die nach Art der gefertigten Maschinen in verschiedene Büros unterteilt sind, z.B. Synchronmaschinen, Asynchronmaschinen, Gleichstrommaschinen, Bahnmaschinen, Wechselstrom-Kommutatormaschinen usw., werden die für die Konstruktion und Fertigung notwendigen technischen Berechnungen durchgeführt.

Die *Konstruktionsbüros*, die in ähnlicher Art wie die Berechnungsbüros unterteilt sind, liefern alle fertigungstechnischen Unterlagen, wie Zeichnungen, Materialangaben usw.

In den *Laboratorien und Versuchsfeldern* werden Untersuchungen an Werkstoffen, Isoliermaterial und neuentwickelten Teilen durchgeführt.

Die *Prüffelder* dienen der Erprobung und Messung fertiggestellter Maschinen. Dabei werden die nach den einschlägigen Vorschriften erforderlichen Prüfungen vorgenommen und alle zugesagten mechanischen und elektrischen Daten der Maschine gemessen.

b) Die eigentliche Fertigung ist unter der *Fertigungsleitung* zusammengefaßt, die wieder in verschiedene Abteilungen eingeteilt wird:

Die *Fertigungsvorbereitung* ist für die rechtzeitige Bereitstellung aller benötigten Teile und Materialien für die Weiterverarbeitung in den Werkstätten verantwortlich.

In der *mechanischen Fertigung* erfolgt die Bearbeitung der Eisen- und Blechteile. Hier werden z.B. Ständergehäuse geschweißt, Wellen gedreht, Bleche für Ständer und Läufer gestanzt und der Zusammenbau dieser Teile vorgenommen.

In der *Wickelei* werden alle Wickelungen für die Ständer und Läufer hergestellt. Je nach Größe des verwendeten Kupferquerschnittes werden die Spulen auf speziellen Wickelmaschinen gefertigt.

Das Büro für *Werkstätteneinrichtung* versorgt das gesamte Werk mit den benötigten und zweckmäßigsten Bearbeitungsmaschinen und konstruiert für besondere Verwendungszwecke auch Einrichtungen in Sonderausführung.

c) Unter der *kaufmännischen Leitung* sind die Abteilungen Einkauf, Lager, Selbstkostenbüro und Versand zusammengefaßt.

Der *Einkauf* versorgt das gesamte Werk mit allen benötigten Materialien und ist auch für die rechtzeitige Anlieferung durch die Unterlieferanten verantwortlich.

Im *Lager* werden die in größerer Menge und oft benötigten Zubehörteile für die Fertigung verwaltet.

Das *Selbstkostenbüro* ermittelt alle bei der Herstellung einer Maschine im Werk entstehenden Kosten.

Die Auslieferung einer Maschine wird durch den *Versand* vorgenommen. Diesem Büro untersteht auch die Tischlerei, die die Verpackung je nach den Erfordernissen durchführt.

Eine von der eigentlichen Fertigung unabhängige Abteilung ist das *Projektierungs- und Angebotsbüro*. Da der Vertrieb der Maschinen nicht durch das Werk selbst, sondern durch eine eigene Vertriebsabteilung erfolgt, benötigt diese für Angebots- und Projektierungszwecke verschiedene Angaben. Das Projektierungsbüro gibt die technischen Daten, Abmessungen und Gewichte, das Angebotsbüro die Preise und Lieferzeiten bekannt.

MENSCHEN MIT FLÜGELN

Schon seit uralten Zeiten beobachteten die Menschen sehr aufmerksam die Vögel bei ihrem Flug durch die Lüfte. Der alte Traum der Menschheit, durch die Luft zu schweben, war für viele Männer der Ansporn, immer wieder Apparate zu konstruieren, die der Form der Vogelschwingen nachgebildet waren.

Schon die griechische Sage berichtet von Ikarus, dem Sohn des großen Erfinders Dädalus: mit Flügeln aus richtigen Vogelfedern und mit Wachs bestrichen, konnte Ikarus fliegen und segeln wie die Kraniche und Störche. An einem schönen Sommertag flog er mit seinen gefiederten Freunden um die Wette. Mit mächtigen Flügelschlägen stieg er immer höher und höher, obwohl ihn sein Vater ermahnt hatte, der Sonne nicht zu nahe zu kommen. Aber er hörte nicht auf ihn. Ikarus wollte alle anderen Vögel an Höhe übertreffen und flog solange, bis er von der Sonne geblendet war und das Wachs von seinen Flügeln schmolz. Die vorher fest miteinander verbundenen Federn konnten aber jetzt nicht mehr das Gewicht seines Körpers tragen, Ikarus stürzte auf die Erde und war sofort tot.

Das traurige Schicksal dieser griechischen Sagengestalt konnte die Pioniere der Luftfahrt nicht abhalten, an ihren großen Ideen weiterzuarbeiten. Dem in Brasilien geborenen Pater Dr. de Gusmao ist es schon im Jahre 1709 gelungen, in Anwesenheit vieler Menschen sich mit einem Flugapparat in die Lüfte zu erheben. Er baute sich eine Gondel, die wie ein Korb aussah, und befestigte daran 14 luftdichte Seidenballone. Durch eine Kesselanlage am Boden der Gondel wurde den Ballonen heiße Luft zugeführt. Sobald sich genügend angesammelt hatte, erhob sich das Luftschiff. In Lissabon, im Hof des Königsschlosses, erfolgte sein erster und zugleich letzter Start. Der Aufstieg des Flugapparates gelang ohne Zwischenfall. Als aber der Erfinder wieder landen wollte, drehte sich plötzlich der Wind. Mehrere Ballone berührten die Wand eines Hauses und platzten. Etwas unsanft sank der Apparat zu Boden und wurde später von Gusmaos ganz vernichtet, da der König nichts mehr von seinen Plänen hielt.

Mit ähnlichen Luftschiffen wurden in den folgenden Jahren, hauptsächlich in Frankreich und England, noch viele Versuche gemacht und Erfolge erzielt. Allerdings ging man dazu über, statt vieler einzelner Ballone nur noch einen großen zu verwenden. Die französischen Brüder Montgolfier bauten im Jahre 1783 den ersten bemannten Luftballon mit einem Durchmesser von 18 m und ca. 2200 Kubikmeter (cbm) Inhalt. Dieser Ballon wurde jedoch wieder mit erhitzter Luft gefüllt, obwohl Professor Alexander Charles schon früher einen Ballon durch Wasserstoffgas aufsteigen ließ. Wegen der leichten Brennbarkeit wollten die Montgolfiers dieses Gas nicht verwenden. Professor Charles aber entwickelte seinen Gasballon weiter und erzielte bei seinem ersten Flug eine Höhe von fast 3500 m.

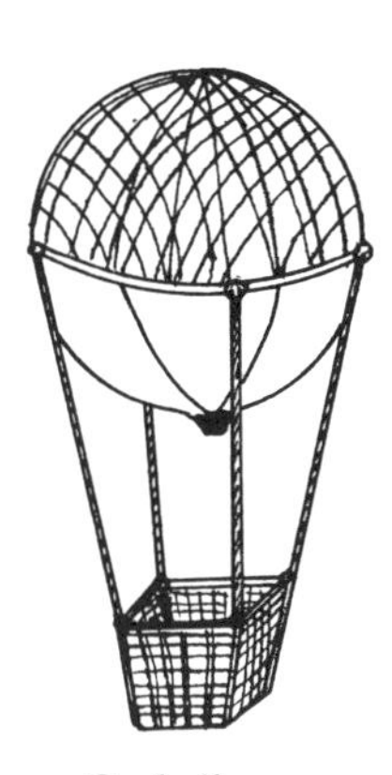

Gasballon

Aus den verschiedenen Entwürfen der Ballone entstanden im Laufe der Zeit die eigentlichen Luftschiffe, die unter dem Grafen Zeppelin eine hohe Vollendung erreichten. In ganz Deutschland sprach man zu Anfang des 20. Jahrhunderts von dem »Zeppelin« der, einer silbergrauen Riesenzigarre gleich, majestätisch durch die Luft schwebte.

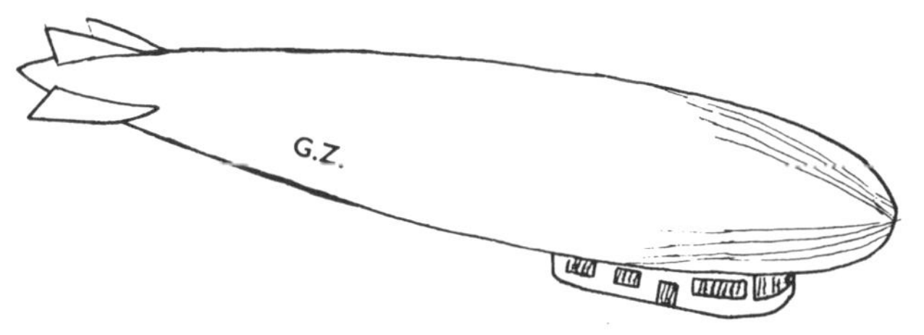

Luftschiff »Graf Zeppelin«

Trotz der vielen Erfolge, die mit Luftballon und Luftschiff erzielt wurden, gingen die Gebrüder Otto und Gustav Lilienthal nicht von ihren Plänen ab, mit Flügeln durch die Luft zu segeln. Nach vielen

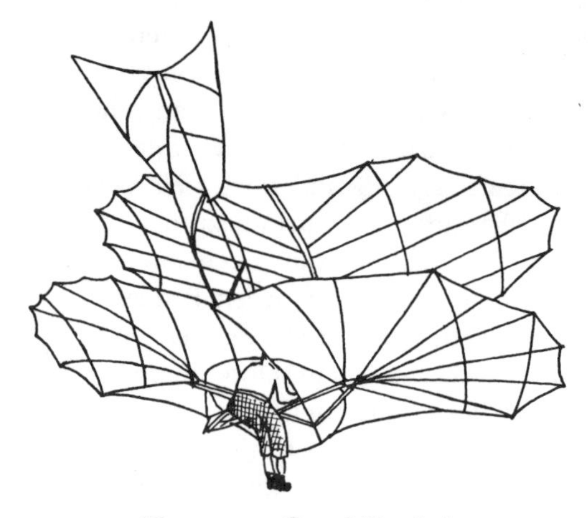

Flugapparat Otto Lilienthals

Versuchen und Mißerfolgen gelangen Otto Lilienthal um 1890 seine ersten Sprünge von einem Hügel herunter. Er hatte sich aus Holz und Leinwand ein Gerät gebaut, das den geöffneten Vogelschwingen sehr ähnlich sah. Die Flügel wurden weiter entwickelt und aus den Sprüngen wurden bald richtige Flüge mit Entfernungen bis zu 300 m. Otto Lilienthal war der erste wirklich fliegende Mensch und einer der Wegbereiter für die heutige Luftfahrt.

Die Grunddaten einer Fernsehsendung

Damit wir die recht komplizierten Vorgänge beim Fernsehen verstehen, müssen wir uns einen genauen Überblick über die einzelnen, bei einer Fernsehsendung auftretenden Signale verschaffen.
Eine Fernsehsendung besteht ja nicht nur aus den Spannungsimpulsen der Abtastgeräte, sondern enthält auch die für den Gleichlauf zwischen Sender und Empfänger erforderlichen Synchronisierzeichen. Die Synchronisierzeichen müssen im Verhältnis zur Dauer einer Zeile bzw. eines ganzen Bildes eine bestimmte Länge haben, die zunächst einmal frei wählbar ist. Damit nun nicht jeder Fernsehsender oder jedes Fernsehland beliebige Daten festlegt und als Norm bestimmt, bemüht man sich auf internationaler Basis recht eifrig um eine allgemeingültige Normung. Die Sonderinteressen einzelner Länder und die z. Zt. recht verworrene politische Lage haben eine Einigung auf eine bestimmte, in allen Ländern gültige Norm bisher verhindert. Immerhin sind in Europa erfreuliche Ansätze zu einer derartigen Einigung zu finden.
Wir besprechen zunächst an Hand von Abb. 1 den Spannungsverlauf einer Fernsehsendung, wie sie im einfachsten Fall zu erwarten ist. Zur Darstellung dieser Verhältnisse benutzt man einfache Schaubilder.
In Abb. 1 sehen wir die in jedem Zeitaugenblick vorhandene Leistung

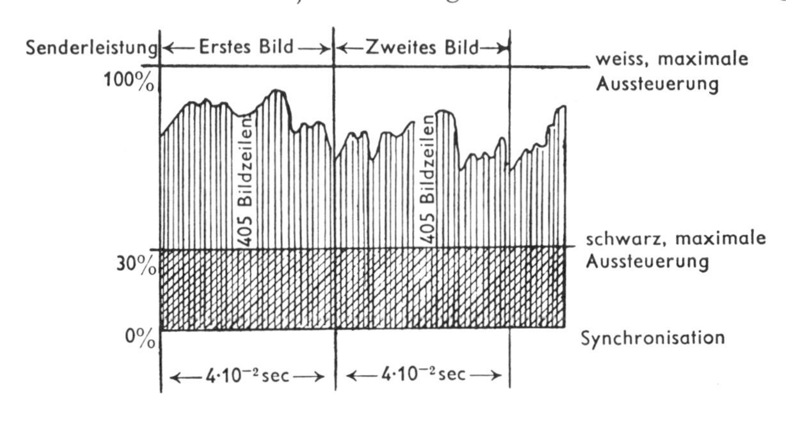

Abb. 1: Zeitlicher Verlauf eines Fernsehbildes

eines mit Fernsehsignalen und Synchronisierimpulsen gesteuerten Senders in Abhängigkeit von der Zeit. Es sind drei besondere Werte gekennzeichnet: Die Senderleistung 0%, 30% und 100%. Dem Bild liegt die Normung des englischen Fernsehverfahrens zugrunde. Die vollkommen ungleichmäßig verlaufende Begrenzungslinie des gestrichelten Teils in der oberen Hälfte der Abbildung besagt, daß im Verlauf einer Bildabtastung alle möglichen Senderwerte zwischen 0 und 100% auftreten können. Wird zum Beispiel gerade ein heller Bildpunkt übertragen, so kann die Sendeleistung etwa auf den Wert von 80% ansteigen, um bei der Wiedergabe eines dunklen Bildpunktes auf beispielsweise 35% zu fallen. Der Verlauf dieser Linie hängt also vom Bildinhalt ab. Sind nun sämtliche Zeilen niedergeschrieben – beim englischen Fernsehen werden 405 Zeilen verwendet – so wird die Sendeleistung plötzlich auf den Wert 0% herabgedrosselt. Das bewirkt das Bildsynchronisiersignal, das in Form eines negativen starken Spannungsimpulses auf den Sender gelangt und diesen daher plötzlich in seiner Tätigkeit unterdrückt. Dieses Bildsynchronisiersignal hat eine bestimmte Dauer, die man in Prozent der gesamten Bilddauer ausdrücken kann. Üblich sind Werte zwischen 5 und 10%. Nach dem Ablauf des Sychronisiersignals wird der Sender wieder auf normale Leistung gesteuert und überträgt nun das nächste Teilbild, um danach wieder auf 0% abzufallen und so fort. Wir sehen also, daß jedes Bild durch ein Synchronisiersignal beendet wird.

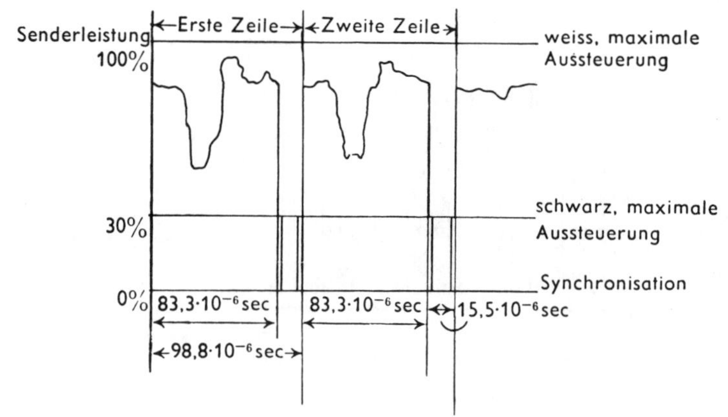

Abb. 2: Zeitlicher Verlauf zweier Zeilen

Nicht nur der Bildablauf, sondern auch der Zeilenablauf muß sender- und empfängerseitig genau synchron vonstatten gehen. Man sendet daher auch nach Beendigung der Niederschrift einer Zeile ein Synchronisierzeichen, das Zeilensignal. Da in Abb. 1 eine einzelne Zeile nur als Strich angedeutet ist, zeigt Abb. 2 den zeitlichen Verlauf der zu zwei Zeilen gehörenden Senderleistung. Auch hier bedeutet die unregelmäßige Begrenzungslinie den jeweils wechselnden Helligkeitsverlauf, diesmal jedoch innerhalb einer einzigen Zeile. Wir sehen, daß nach Beendigung der Niederschrift einer Zeile ebenfalls ein Synchronisiersignal ausgesendet wird, das den Sender bis zur Leistung 0% abdrosselt. Danach steigt die Sendeleistung zur Niederschrift einer neuen Zeile an. Auch das Zeilensignal hat eine bestimmte Dauer, die man in Prozent der für das Schreiben einer Zeile benötigten Zeit angibt. Normalerweise dauert das Zeilenzeichen etwa 10 bis 15% der Zeile. Es ist also wesentlich kürzer als das Bild-Synchronisierzeichen. Zeilen- und Bild-Synchronisiersignale bilden in ihrer Dauer und in ihrem zeitlichen Verlauf bereits wichtige Bestandteile einer Fernseh-Normung. Es kommen jedoch noch weitere, für jede Fernsehsendung charakteristische Kennzeichen hinzu. So kann man beispielsweise festlegen, daß den dunklen Stellen des Bildes große Senderleistungen, den hellen Stellen dagegen kleine Senderleistungen entsprechen. Empfangsseitig kann man sich immer, wie wir später noch sehen werden, so einrichten, daß das Bild positiv wiedergegeben wird.
Bei dem in den Abb. 1 und 2 zum Ausdruck kommenden Verlauf entsprechen den hellen Bildteilen große Senderleistungen. Den Synchronisierzeichen entspricht die Leistung Null. Ein derartiges Verfahren

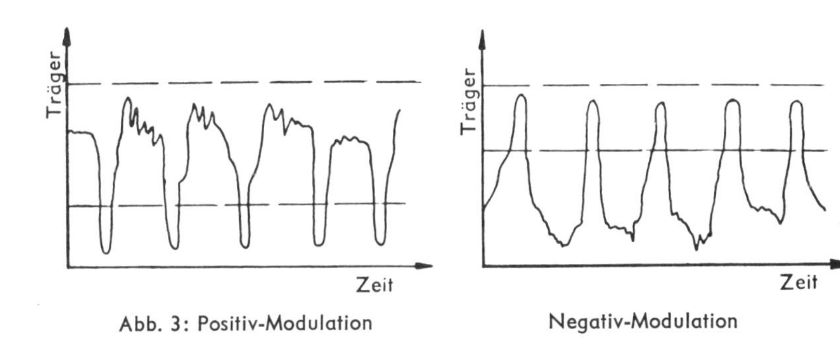

Abb. 3: Positiv-Modulation Negativ-Modulation

bezeichnet der Fernsehtechniker als Positivmodulation. Gehören dagegen zu großen Senderleistungen kleine Bildhelligkeiten und zu den kleinen Senderleistungen große Helligkeitswerte, so spricht man von Negativmodulation. Bei dieser Modulationsart wird der Sender im Augenblick des Synchronisierimpulses auf maximale Leistung, also auf 100% gebracht. Die Negativmodulation hat gegenüber der Positivmodulation gewisse Vorteile, auf die wir später noch einmal zurückkommen werden. Der zukünftige deutsche Fernsehbetrieb bedient sich daher dieser Modulationsart. Abb. 3 gibt die Unterschiede zwischen den Modulationsarten graphisch wieder.

Aus verschiedenen Gründen, die bereits sehr ins einzelne gehen und von denen hier nicht weiter die Rede sein soll, haben die Synchronisierzeichen nicht etwa nur eine einfache Rechteckform, sondern sind mehr oder weniger in ihrem zeitlichen Verlauf »abgesetzt«. Während das Zeilensignal gewöhnlich verhältnismäßig einfach ist, sind die Bild-Synchronisiersignale komplizierter. Dafür gibt es vor allem zwei Gründe, die wir besprechen müssen, denn sie sind zum Verständnis des Fernsehvorganges unerläßlich. Der erste Grund ist einfacher Natur. Wenn das Bildsignal zum Beispiel eine Zeit beansprucht, innerhalb der zehn Bildzeilen geschrieben werden könnten, so besteht die Gefahr, daß während der Dauer des Bild-Synchronisiersignals die Zeilensynchronisierung empfängerseitig »außer Tritt« fällt. Während der Dauer des Bildsignals würde ja der Sender ganz konstant entweder 100% oder 0% Leistung liefern, die Zeilensignale wären also während dieser Zeit nicht vorhanden. Deshalb sendet man gewöhnlich während des Bild-Synchronisierzeichens die fehlenden Zeilen-Synchronisiersignale. Das eigentliche Bild-Synchronisiersignal ist also gewissermaßen aufgespalten, da es aus einzelnen Zeilenzeichen besteht, während jedoch der eigentliche Zeileninhalt fehlt.

Der zweite Grund für die besondere Form des Bildsignals ist nicht ohne weiteres zu verstehen. Es hängt mit dem sogenannten Zeilensprungverfahren zusammen, von dem im nächsten Abschnitt die Rede sein wird. Bevor wir dazu übergehen, wollen wir noch andere wichtige Normen einer Fernsehsendung wenigstens andeutungsweise besprechen.

Außer den Daten der Synchronisierimpulse, der Zeilenzahl und der Zahl der je Sekunde erfolgenden Bildwechsel gibt man gewöhnlich noch die Wellenlänge an, auf der die Fernsehsendung übertragen wird. Wir hörten bereits, daß hierfür nur Ultrakurzwellen in Frage kommen. Genormt ist weiterhin das Bildformat. Man wählt es genau so groß, wie es bei Filmbildern üblich ist, nämlich 4 : 3. Schließlich muß man noch wissen, welche Bandbreiten für die Übertragung der Fernsehsendung erforderlich sind. Wir hörten bereits, daß in einer modernen Fernsehsendung Frequenzen bis über 5 MHz stecken. Nachdem auch sehr tiefe Frequenzen übertragen werden müssen – beispielsweise kann man dem langsamen Übergang von hell auf dunkel in bestimmten Szenen eine Frequenz von Bruchteilen eines Hertz zuordnen –, enthält eine Fernsehsendung so ziemlich alle Frequenzen von 0 bis etwa 5 MHz. Zur Übertragung eines Frequenzgemisches wird ein ganz bestimmtes Frequenzband gebraucht, dessen Breite dem Frequenzabstand von der tiefsten bis zur höchsten in Betracht kommenden Frequenz von rund 5 MHz entspricht. In unserem Fall handelt es sich also um ein Frequenzband von rund 5 MHz, das übertragen werden muß. Auch diese Angabe gehört zur Normung.

Schließlich muß man sich noch darüber einig werden, wie und auf welcher Welle man den zum Fernsehbild gehörenden Begleitton übertragen will. Die Tonwelle fällt ebenfalls in den Ultrakurzwellenbereich, und zwar liegt sie so, daß sie einen bestimmten, nicht zu großen Abstand von der Bildwelle hat. Man kann dann empfängerseitig auf einfache Weise für den Empfang von Bild und Ton dieselbe Mischstufe und denselben Oszillator benützen. Es sei noch erwähnt, daß man den Ton gewöhnlich frequenzmoduliert überträgt, vor allem deshalb, weil man dann in den Genuß der Vorzüge dieser Modulationsart kommt.

Abschließend müssen wir noch einige Begriffe erläutern, die immer wiederkehren. Zur Niederschrift einer Zeile braucht man bekanntlich eine Kippspannung oder einen Kippstrom bestimmter Frequenz. Man spricht in diesem Fall von Zeilenkippstrom oder Zeilenkippspannung bzw. von Zeilenfrequenz. Dasselbe gilt für die Kippschwingung zur Niederschrift des Bildes. Die entsprechenden Ausdrücke heißen Bildkippstrom bzw. Bildkippspannung und Bildfrequenz.

Tabelle der europäischen Fernsehnormen:

Zeilenzahl	625 Zeilen
Bildwechsel	25 pro Sekunde
Rasterwechsel	50 pro Sekunde
Maximale Bandbreite	5 Megahertz (MHz)
Bildformat	4 : 3
Bildträger und Tonträger	174 bis 216 Megahertz
Abstand zwischen Bild- und Tonträger	5,5 Megahertz
Bildmodulation	Negativmodulation
Zeilen-Synchronisiersignal	9% der Zeilendauer
Bild-Synchronisiersignal	6% der Bilddauer

Das Zeilensprungverfahren

Bis jetzt war stets die Rede davon, daß bei einem Fernsehbild in regelmäßiger Folge jede Zeile dicht unter die andere geschrieben wird. Ist das geschehen, so springt der Strahl wieder auf den Ausgangspunkt der ersten Zeile zurück. Wir sehen das nochmals in Abb. 4 angedeutet.

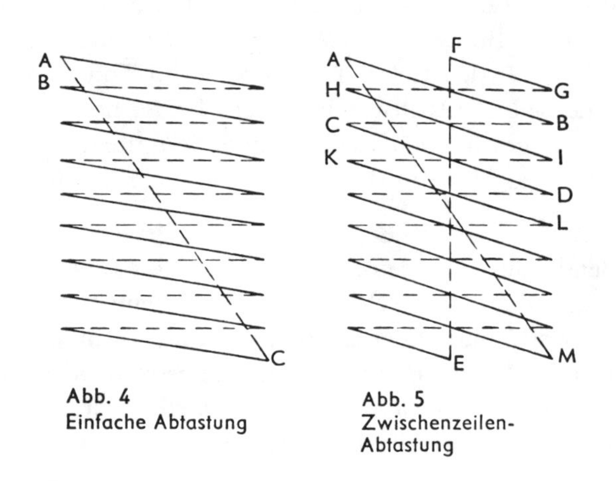

Abb. 4
Einfache Abtastung

Abb. 5
Zwischenzeilen-Abtastung

Der Strahl beginnt im Punkt A, durchläuft die zugehörige Zeile, springt dann nach B und so fort, bis er bei Punkt C angekommen ist. Danach läuft der Strahl quer durch das Bild wieder nach Punkt A zurück.

Dieses Verfahren ist an sich sehr einfach, benötigt jedoch zur Übertragung einer bestimmten Bildpunktzahl je Sekunde eine ganz bestimmte Bandbreite, die nicht unterschritten werden kann. Die für die Übertragung eines Bildpunktes zur Verfügung stehende Zeit ist ja durch die Schnelligkeit vorgeschrieben, mit der der Strahl über den Bildpunkt läuft, und diese Geschwindigkeit ist natürlich um so größer, je höher die Zeilenzahl ist und je weniger Zeit zur Niederschrift des ganzen Bildes zur Verfügung steht. Der Strahl durcheilt letzten Endes eine gewisse Strecke, die man durch Aneinanderreihen sämtlicher Zeilen erhält, und wenn diese Gesamtstrecke in einer bestimmten Mindestzeit durchlaufen werden soll, so muß der Strahl auch eine bestimmte Mindestgeschwindigkeit einhalten. Die damit verbundenen großen Übertragungsbandbreiten sind zwar heute technisch ohne weiteres zu verwirklichen, erhöhen jedoch die Kosten der gesamten Fernsehapparatur. Es ist nämlich viel leichter möglich, ein schmales als ein breites Band zu übertragen. Bei der Übertragung breiter Bänder benötigt man empfangsseitig viel mehr Röhrenstufen, denn je größer die Bandbreite ist, um so geringer ist die Verstärkung je Röhre. Es hat daher nicht an Versuchen gefehlt, die Bandbreite nach Möglichkeit zu verringern, ohne deshalb die Qualität des Fernsehbildes zu verschlechtern.

Ein Mittel zur Erreichung dieses Zieles bildet das Zeilensprungverfahren. Wir erläutern es an Hand von Abb. 5. Auch hier beginnt der Strahl seinen Lauf bei Punkt A und hat die Niederschrift der ersten Zeile im Punkt B beendet. Er springt nun auf Punkt C. Das ist jedoch nicht der Beginn der nächsten, sondern der Beginn der übernächsten, also der dritten Zeile. Die Niederschrift dieser Zeile ist in Punkt D beendet. Der Strahl springt nun zurück auf den Anfang der fünften Zeile, durchläuft diese usw. Es werden also zunächst nur die ungeraden Zeilenzahlen 1, 3, 5, usw. geschrieben.

Ist der Strahl in der Mitte der letzten ungeradzahligen Zeile, also in Punkt E, angelangt, so springt er senkrecht in die Höhe und beendet die Niederschrift dieser Zeile im Punkt F. Die unterste halbe Zeile wird also jetzt an der oberen Kante in Form der Strecke FG beendigt. Ist der Strahl in G angelangt, so springt er auf H. Das ist jetzt aber der Beginn der zweiten Zeile. Diese Zeile ist in Punkt J beendet, der Strahl springt dann auf K, d. h. auf Zeile 4, hat deren Niederschrift in L beendet, springt auf Zeile 6 usw. Wir sehen, daß der Strahl jetzt sämtliche geradzahligen Zeilen beschreibt. Er endet schließlich in Punkt M, also dem Ende der letzten geradzahligen Zeile, und springt nun wieder quer durch das Bild auf Punkt A zurück. Punkt A war jedoch der Ausgang des Strahlwegs, der Kreis ist also jetzt geschlossen.

Wir sehen, daß sich bei dieser Art der Strahlführung eigentlich zwei Raster mit der halben Zeilenzahl ergeben, die sich auf Grund der eigenartigen Strahlführung dieses Systems ganz von selbst ineinanderfügen. Was hat nun diese ganze Maßnahme für einen Zweck?

Wir haben gehört, daß der Strahl eine bestimmte Mindestgeschwindigkeit haben muß, damit das Auge kein Flackern wahrnimmt und den Eindruck eines geschlossenen Bildes hat. Die Zeilenabtastung moderner Fernsehbilder ist so schnell, daß eine solche Gefahr niemals besteht. Anders ist es jedoch mit der Bildwechselzahl. Sie liegt bei 25 Bildwechseln je Sekunde gerade an der unteren Grenze der Flackerfreiheit. Würde man daher sicherheitshalber die Bildwechselzahl auf 50 Bilder je Sekunde heraufsetzen, so erschiene das Bild dem Auge noch wesentlich ruhiger. Das würde jedoch nach unseren früheren Überlegungen eine Verdoppelung der Bandbreite bedeuten. Wir werden jetzt sehen, daß wir die Bildfrequenz für das menschliche Auge mit Hilfe des Zeilensprungverfahrens scheinbar auf den doppelten Wert erhöhen können, ohne dafür eine größere Bandbreite in Kauf nehmen zu müssen.

Bei der normalen Niederschrift der Zeilen werden alle 625 Zeilen in $^1/_{25}$ Sekunde durchlaufen. Beim Zeilensprungverfahren dagegen wird die erste Hälfte der Zeilen in $^1/_{50}$ Sekunde, die zweite ebenfalls in $^1/_{50}$ Sekunde geschrieben. Es braucht ja nur in beiden Fällen die Hälfte der Zeilen vom Strahl durcheilt zu werden, so daß er bei gleicher Geschwindigkeit auch mit der Hälfte der Zeit für die Niederschrift einer Zeilenhälfte auskommt. Die beiden Teilbilder wechseln also mit einer Frequenz von 50 Hz miteinander ab, obwohl sämtliche Zeilen genau wie vorher mit 25 Hz geschrieben werden. Das Auge spricht jedoch auf den Wechsel der beiden Teilbilder an, der mit einer Frequenz von 50 Hz erfolgt, und hat daher im wesentlichen den Eindruck eines ruhigen und flackerfreien Bildes. Nachdem sich aber an den Grundübertragungsdaten nichts geändert hat – Zeilen- und Bildfrequenz sind ja erhalten geblieben – hat sich auch die erforderliche Bandbreite nicht erhöht. Wir sehen, das Zeilensprungverfahren ist ein eleganter Kunstgriff, um ohne Erhöhung der Bandbreite die für das Auge maßgebende Bildwechselzahl auf den doppelten Wert zu steigern. Nebenbei bemerkt kann man das Verfahren auch noch weitertreiben, indem man den Strahl zunächst die erste, fünfte, neunte Zeile usw. schreiben läßt. Danach kommt die zweite, sechste, zehnte Zeile und so fort. Nun folgt die mit der Zahl 3 beginnende Zahlenreihe dann die mit der Zahl 4, bis schließlich wieder sämtliche Zeilen geschrieben sind. Auf diese Weise kann man die scheinbare Bildfrequenz theoretisch auf beliebige Werte steigern. Das macht jedoch erhebliche technische Schwierigkeiten und ist auch gar nicht erforderlich, denn ein Bildwechsel von 50 Hz reicht in der Praxis vollkommen aus.

Das Zeilensprungverfahren wurde technisch weitgehend durchentwickelt und findet heute bei fast allen modernen Fernsehsystemen Verwendung. Allerdings wird dadurch die Synchronisierung, insbesondere die Form des Bild-Synchronisiersignals, etwas komplizierter. Wir verstehen das, wenn wir nochmals Abb. 5 betrachten. Bisher war uns bekannt, daß das Bildsignal jeweils nach Beendigung der allerletzten Zeile gegeben wurde. Es fiel also mit dem letzten Zeilensignal zusammen. Beim Zeilensprungverfahren dagegen hört das erste Teilbild in der Mitte der letzten ungeradzahligen Zeile (Punkt E) auf, das zweite Teilbild dagegen ist mit der Niederschrift der letzten geradzahligen Zeile beendet. Nur in diesem Fall fällt das Bildsignal mit dem letzten Zeilensignal zusammen, dagegen nicht bei der Niederschrift des ersten Teilbildes. Diese Tatsache macht die empfängerseitige Synchronisierung etwas schwierig. Wir müssen berücksichtigen, daß die empfangsseitig zur Strahlführung vorgesehenen Kippschwingungsgeräte in ihrem Einsatz durch die Bild- und Zeilensignale ausgelöst werden. Sie sind jedoch auch für Störsignale und für Abweichungen in dem Verlauf der Signale empfänglich. Wird nun die Einrichtung zur Erzeugung der Bild-Kippschwingung bei einem Teilbild nur vom Bildsignal, beim zweiten Teilbild dagegen vom Bild- und vom Zeilensignal getroffen, so wird das Kippgerät unter Umständen gewissermaßen irritiert und fällt »außer Tritt«. Es ist zwar eine Tatsache, daß man an sich auf der Empfängerseite Zeilen- und Bildsignale säuberlich voneinander trennt, bevor man sie den Strahlführungsgeräten zuleitet. Eine absolute Trennung ist jedoch nicht möglich, und die verbleibenden Reste der nicht erwünschten Zeichen genügen im allgemeinen, um das Bild-Kippgerät zu »verwirren«, sobald die durch das Zeilensprungverfahren gegebene ungleichmäßige Zusammensetzung der Signale auftritt.

Um Abhilfe zu schaffen, fügt man dem alleinstehenden Bildsignal des ersten Teilbildes einfach ein zusätzliches Zeilensignal bei, dem an sich im Hinblick auf die Synchronisierung zwar weiter keine Bedeutung zukommt, das jedoch die Verhältnisse beim zweiten Teilbild genau nachahmt. Dadurch wird der gleichmäßige Lauf der Kippgeräte wieder gewährleistet. Man nennt diese Ergänzungsimpulse »Trabanten«, denn sie begleiten den Bildimpuls ständig, ohne unbedingt erforderlich zu sein.

Bekanntlich gibt es keine wirklich ideale Erfindung, und so ist es auch hier. Dem Zeilensprungverfahren haften einige Mängel an, die man nicht verschweigen darf. Dazu gehört zunächst das sogenannte »Zwischen-Zeilenflimmern«. Eine einfache Überlegung zeigt uns nämlich, daß zwischen den beiden Teilbildern wieder die alte Bildfrequenz von 25 Hz auftritt. Das macht sich für das Auge dadurch bemerkbar, daß zwischen den einzelnen Zeilen ein leichtes Flimmern zu sehen ist. Es verschwindet zwar in einem größeren Betrachtungsabstand; damit ist jedoch nicht viel geholfen. Will man nämlich das Flimmern nicht mehr wahrnehmen, so muß man sich so weit vom Fernsehbild entfernen, daß das Auge bestimmte Einzelheiten, die von den Zeilen an sich noch aufgelöst werden, nicht mehr sieht. Die Gegner des Zeilensprungverfahrens behaupten daher, es sei mit dieser Methode eigentlich gar nicht viel erreicht. Wenn man nämlich schon wegen des Zwischenzeilenflimmerns einen größeren Bildabstand wählen und somit auf Einzelheiten verzichten müsse, so könne man von vornherein zu einer geringeren Zeilenzahl, aber zu einer höheren wirklichen Bildwechselzahl schreiten. Dann müsse man die Bandbreite überhaupt nicht erhöhen und habe letzten Endes dasselbe Ergebnis wie beim Zeilensprungverfahren.

Es ist schwer zu entscheiden, ob die Gegner oder die Befürworter des Zeilensprungverfahrens im Recht sind. Die Entscheidung hierüber fällt gewöhnlich erst nach einer längeren praktischen Betriebszeit, und das Zeilensprungverfahren hat schon verschiedene Feuerproben bestanden. Das letzte Wort scheint jedoch noch keineswegs gesprochen zu sein.

Die notwendigen optischen Begriffe für die Fernsehtechnik

Die Einheit der Lichtstärke ist eine »Neue Kerze« (Candela). Ein schwarzer Körper von 1 qcm strahlt bei einer absoluten Temperatur von 2046° die Lichtstärke von 60 Candela ab.

Die Einheit des Lichtstromes ist das »Lumen«. Es ist der Lichtstrom, den eine Lichtquelle von einer Neuen Kerze gleichmäßig in die Einheit des Raumwinkels strahlt.

Einheit der Lichtleistung ist die »Lumenstunde«.

Einheit der Beleuchtungsstärke ist das »Lux«. Sie wird erreicht, wenn ein Lumen gleichmäßig auf eine Fläche von 1 qm aufgestrahlt wird.

Einheit der Leuchtdichte ist das »Stilb«. Sie wird erreicht, wenn eine Lichtquelle 1 Neue Kerze/cm^2 leuchtender Fläche hat. Der Bruchteil $(^1/_{10^4}\pi)$ Stilb wird mit »Apostilb« bezeichnet.

Das Verhältnis der in einem Bild vorkommenden größten zur geringsten Leuchtdichte bezeichnet man als den »Objektumfang«, er gibt den dekadischen Logarithmus des Verhältnisses an. Ist dieser z. B. gleich 2, so ist das Verhältnis der Leuchtdichten 1 : 100. Der Umfang einer offenen Landschaft beträgt nach Goldberg 0,8 – 1, für ein Porträt mit schwarz-weißer Kleidung 2,5.

Liegt das Bild nun als photographisches Bild vor, so sind folgende Begriffe wichtig, die für die Helligkeit des von diesem Diapositiv z. B. entworfenen Bildes maßgebend sind, wobei als Lichtquelle eine Projektionslampe dienen kann:

Die »Transparenz« gibt das Verhältnis des durchgehenden zum auffallenden Licht an. Sie ist stets ein echter Bruch. Dabei läßt sich eine Transparenz für jeden Bildpunkt angeben, außerdem eine »mittlere Transparenz« für das gesamte Bild.

Die »Opazität« ist der reziproke Wert der Transparenz.
Die »Schwärzung« ist der dekadische Logarithmus der Opazität. Die »Schwärzung« ist also gleich 1, wenn nur noch $^1/_{10}$ des auffallenden Lichts durchgelassen wird.

Der »Schwärzungsumfang« ist die Differenz von maximaler und minimaler Schwärzung. Wichtig ist noch, daß das Auge Schwärzungsstufen von numerisch gleicher Größe als gleiche Stufen empfindet, eine lineare Steigerung des Lichts also nur logarithmisch ist. Als »Graukeil« (Abb. 1) bezeichnet man eine Folge von Schwärzungsstufen, deren Schwärzung jeweils um den gleichen Betrag ansteigt, also z. B. folgende Werte hat: 0 – 0,1 – 0,2 – 0,3 usw. Der durch die einzelnen Stufen eines Graukeils von einer konstanten Lichtquelle hindurchgehende Lichtstrom fällt demnach mit linear zunehmender Schwärzung logarithmisch ab. (Abb. 2). Zur Wiedergabe eines Bildes genügen schon 10 Graustufen. Wieviel Graustufen das Auge unterscheiden kann, hängt von der Helligkeit der Lichtquelle ab.

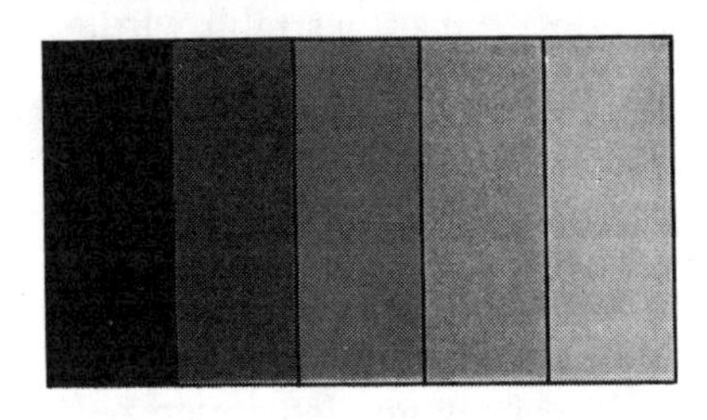

Abb. 1: Fünfstufiger Graukeil

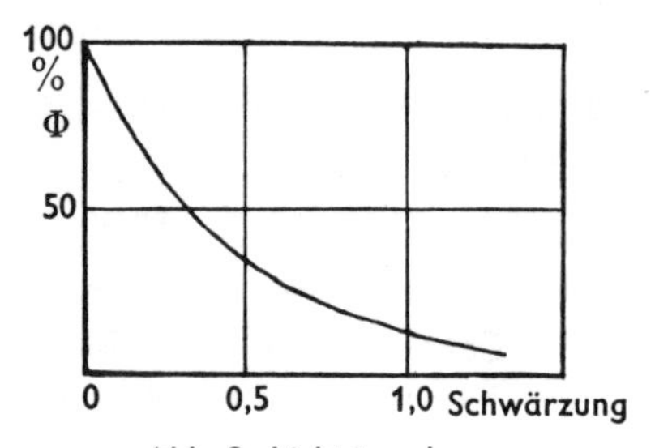

Abb. 2: Lichtstromkurve

Der »Kontrast« des Empfängerbildes ist durch das Verhältnis der maximalen Leuchtdichte zur minimalen gegeben. Je größer er ist, um so brillanter erscheint das Bild.

Als »Gradation« bezeichnet man die Abstufung der einzelnen Helligkeitswerte untereinander. Man bezeichnet sie als gut, wenn man in den Schatten und Lichtern des Bildes alle Einzelheiten noch gut erkennen kann.

Die Forderungen an die Übertragungsanlage

Nachdem die Begriffe, nach denen ein Bild in seinen Werten festgelegt werden kann, erörtert wurden, sollen jetzt die an die Übertragungsanlage zu stellenden Forderungen untersucht werden.

Das optisch entworfene, zu übertragende Bild setzt sich aus einer großen Anzahl von Bildpunkten zusammen, die alle eine bestimmte Helligkeit und Lage im Bild haben. Diese Helligkeitswerte müssen richtig übertragen werden oder doch wenigstens im richtigen Verhältnis zueinander. Ebenso müssen sie empfangsseitig wieder an die richtige Stelle des Bildes kommen. Die Übertragung muß in allen Bildteilen mit dem gleichen Maßstab erfolgen z. B. 1 : 5. Sie muß möglichst winkelgetreu sein. Es ist noch die Frage, wie klein man die einzelnen Bildpunkte nehmen will. Je kleiner sie sind, um so größer wird die Auflösung bzw. Schärfe des Empfangsbildes sein.

Aus der Summe aller Heiligkeitswerte dividiert durch deren Anzahl ergibt sich eine mittlere Bildhelligkeit je Bild, die bei bewegten Bildern durchaus konstant sein kann, wenn sich beispielsweise ein heller Gegenstand vor einem gleichmäßig dunkleren Hintergrund bewegt. Im allgemeinen schwankt sie bei der Übertragung nur wenig, etwa im Verhältnis 1 : 2. Zweckmäßig ist es, sie zu übertragen. Bei annähernd konstanter mittlerer Helligkeit ist dies nicht unbedingt erforderlich.

Die Gradation kann in der Übertragungsanlage verändert werden. Gegen eine Änderung ist das Auge nicht sehr empfindlich. Es reagiert nur logarithmisch. In erster Linie kommen für eine Änderung der Gradation die Röhrenkennlinien des Verstärkers in Frage, außerdem die Helligkeitskennlinie der Braunschen Röhre. Diese ist meistens stark gekrümmt, da die Röhre vom unteren Knick der Kennlinie (schwarz) an hochgesteuert wird. Es ist dann die empfangsseitige Helligkeit nicht mehr dem senderseitigen Lichtstrom proportional. Bedingung ist nur, daß senderseitig ansteigendem Lichtstrom über den gesamten Steuerbereich auch steigende Helligkeit am Empfänger entspricht und die Abhängigkeitskurve zwischen beiden keine Maxima oder Minima aufweist. Normalerweise bleibt die durch die Kennlinien verursachte Gradationsänderung in zulässigen Grenzen. Falls notwendig, ist sie durch Schaltmittel leicht auszugleichen. Kennlinienkrümmung bedeutet bekanntlich Klirrfaktor für den Verstärker. Klirrfaktor heißt also Gradationsänderung. Er spielt demnach keine große Rolle, ganz im Gegensatz zu Tonübertragungsanlagen, wo dieser die kritischste Größe ist und die meisten Schaltmaßnahmen auf dessen Verkleinerung abzielen.

Es sind also zu übertragen:

1. die Helligkeitswerte der einzelnen Bildpunkte bei guter Gradation;
2. die mittlere Bildhelligkeit;
3. ausreichende Bildschärfe;
4. richtige Geometrie.

Auf die Übertragung der Farbe soll nicht weiter eingegangen werden. Es gibt einige Verfahren, mit denen sich die Farbe übertragen läßt. Bisher wurde jedoch nirgends ein Fernsehrundfunk in natürlichen Farben eingeführt. Das Bild muß in die drei Grundfarben z. B. mittels umlaufender Farbfilter zerlegt werden. Diese werden dann einzeln nacheinander übertragen und im Empfänger wieder gemischt, falls nur ein Übertragungskanal zur Verfügung steht, oder die Farben werden gleichzeitig über drei verschiedene Kanäle übertragen, wobei dann bei der Abtastung jeder Bildpunkt momentan spektral zerlegt werden muß. Der Aufwand zur Übertragung steigt um ein Mehrfaches gegenüber einer Schwarz-Weiß-Übertragung und erscheint einstweilen nicht gerechtfertigt.

MATHEMATIK

Jedes Studium einer technischen Fachrichtung, gleichgültig, ob es an einer Technischen Hochschule oder an einer Höheren Technischen Lehranstalt betrieben wird, setzt gründliche Kenntnisse in Mathematik voraus. Jeder Student muß sich daher vor seinem Studium bereits eingehend damit befassen, sich diese Kenntnisse anzueignen.
Unter Mathematik versteht man heute allgemein die Lehre von den Zahlen und Formen. Die ursprüngliche Bedeutung dieses griechischen Wortes war die Wissenschaft überhaupt. Die einzelnen Teilgebiete der reinen Mathematik, wie Arithmetik, Algebra, Analysis und Geometrie werden aus besonderen grundlegenden Begriffen entwickelt; man bezeichnet sie als »Rechnungsarten«.

Die *Arithmetik* (Zahlenlehre) untersucht die Zahlen und ihre Beziehungen zueinander. Die sogenannte »niedere Arithmetik« (Buchstabenrechnen) befaßt sich mit den vier Grundrechnungsarten sowie dem Potenzieren, Radizieren, Logarithmieren und ihren Gesetzen.

Die »höhere Arithmetik« untersucht die Eigenschaften und Gesetzmäßigkeiten der natürlichen Zahlen 0, 1, 2, 3 usw., die sich bei Anwendung und Verknüpfung der vier Grundrechnungsarten ergeben.

Die *Algebra* ist die Lehre von den algebraischen Gleichungen und behandelt die Eigenschaften von algebraischen Ausdrücken und Transformationen.

Die vier Grundrechnungsarten

a) Addition
Unter Addition (auch Summation) versteht man das Zusammenzählen von zwei oder mehreren Zahlen, die allgemein auch als Buchstaben geschrieben werden.
Durch Addieren zweier allgemeiner Zahlen a und b erhält man das Ergebnis c, dargestellt in der Formel:

$$a + b = c,$$ zu lesen: a plus b ist gleich c.

a und b sind die Summanden, c die Summe.

b) Subtraktion

Beim Subtrahieren wird eine Zahl von einer anderen abgezogen.

$c - b = a$, zu lesen: c minus b ist gleich a
oder: c weniger b ist gleich a.

c wird als Minuend, b als Subtrahend und a als Differenz bezeichnet.

c) Multiplikation

Multiplikation ist die Vervielfältigung von einer oder mehreren Zahlen.

$a \times b = c$, zu lesen: a mal b ist gleich c.

a ist der Multiplikand, b der Multiplikator und c das Produkt.
a und b bezeichnet man als Faktoren.
Das Malzeichen kann als Punkt · ($a \cdot b$) oder × ($a \times b$) geschrieben werden. Auch die Form ab (ohne Malzeichen) drückt das Produkt aus.
Zwei Klammerausdrücke werden miteinander multipliziert, indem jedes Glied der ersten Klammer mit jedem Glied der zweiten Klammer multipliziert wird.
Beispiel: $(a - b) \times (c - d) = a\,c - b\,c - a\,d + b\,d$;
Eine der Formeln der Multiplikation lautet:

$$(a - b)^2 = a^2 - 2\,ab + b^2$$

zu lesen: a minus b in Klammer zum Quadrat ist gleich a-Quadrat minus 2 ab plus b-Quadrat.

d) Division

Die Division ist die Umkehrung der Multiplikation und besagt wie oft eine Zahl in einer anderen enthalten ist.

$a : b = c$, zu lesen: a durch b ist gleich c
oder: a geteilt durch b ist gleich c
oder: a dividiert durch b ist gleich c.

a ist der Dividend oder Zähler, b der Divisor oder Nenner und c der Quotient.

Der Ausdruck $a : b$ kann auch in der Form $\frac{a}{b}$ oder a/b geschrieben werden.

Bei der Division einer algebraischen Summe durch eine Zahl wird jedes Glied der Summe durch die Zahl dividiert.
Beispiel: $(9\,ab - 21\,ac + 12\,ad) : 3\,a = 3b - 7c + 4\,d$

Die Bruchrechnung

$a:b$ oder $\frac{a}{b}$ ist ein »echter Bruch«, wenn der absolute Wert von a kleiner als der absolute Betrag von b ist, $|a| < |b|$, oder anders ausgedrückt, wenn der absolute Betrag des Bruches $\frac{a}{b}$ kleiner als 1 ist:

$$\left|\frac{a}{b}\right| < 1.$$

Wird eine Zahl als Vektor dargestellt $|\!\longrightarrow\!|$, so versteht man unter dem absoluten Betrag dieser Zahl die Länge des Vektors.
Daher ist $|-a| = |a|$, z.B.: $|-5| = |+5| = 5$.
»Unechte Brüche« sind alle anderen Fälle, d.h. wenn der absolute Betrag des Bruches $\frac{a}{b}$ gleich oder größer als eins ist: $\left|\frac{a}{b}\right| \geqq 1$.
Die Brüche können in ihrer Form geändert werden durch:
1) Erweitern mit n: $\frac{a}{b} = \frac{n \cdot a}{n \cdot b}$; 2) Kürzen: $\frac{a}{b} = \frac{a:n}{b:n}$
Der Wert des Bruches bleibt in beiden Fällen ungeändert.
Der Kehrwert oder reziproke Wert eines Bruches ist die Vertauschung von Zähler und Nenner; das Produkt beider Brüche ist immer 1.

$$\frac{a}{b} \cdot \frac{b}{a} = 1$$

Gleichnamige Brüche, das sind Brüche mit gleichem Nenner (Divisor), werden addiert oder subtrahiert, indem man ihre Zähler (Dividend) addiert oder subtrahiert und den Nenner beibehält.

$$\frac{a}{n} - \frac{b}{n} + \frac{c}{n} = \frac{a - b + c}{n}$$

Bei ungleichnamigen Brüchen, d.h. bei Brüchen mit verschiedenen Nennern, ist ein Hauptnenner zu bilden und damit die Brüche gleichnamig zu machen.

$$\frac{a}{x \cdot z} + \frac{b}{y} - \frac{c}{z} = \frac{(y \cdot a) + (x \cdot z \cdot b) - (x \cdot y \cdot c)}{x \cdot y \cdot z}$$

Gleichungen

Der Ausdruck $(a + b)^2 = a^2 + 2\,ab + b^2$ ist eine Gleichung, bei der die linke Seite den gleichen Wert ausdrückt wie die rechte, d.h. beide Seiten sind identisch. Man nennt deshalb alle derartigen Gleichungen: »identische Gleichungen«.

Dagegen ist in der Gleichung $4\,x + 3 = 23$ der Wert beider Seiten nur gleich, wenn die »Unbekannte« x richtig bestimmt wurde. Eine derartige Gleichung heißt deshalb »Bestimmungsgleichung«.

Da diese Gleichung, deren Normalform $ax + b = 0$ lautet, nur die Unbekannte x in der ersten Potenz (x^1) enthält, so heißt sie »Gleichung ersten Grades mit einer Unbekannten« oder »lineare Gleichung mit einer Unbekannten«.

Den vor der Unbekannten stehenden Faktor a nennt man »Koeffizient« (Vorzahl) und das Glied ohne x »Absolutglied«.

Zur Bestimmung von x wird die Gleichung »nach x« aufgelöst, so daß sich als Lösung ergibt: $x = -\frac{b}{a}$.

Bei einem »Gleichungssystem mit zwei Unbekannten«:

$$a_1 x + b_1 y = c_1;\ a_2 x + b_2 y = c_2$$

wird zur Lösung eine der Unbekannten »eliminiert« (beseitigt).

Zum Beispiel:

$$\begin{array}{rl|r} 1) & 2x - 5y = 7 & -3 \\ 2) & 3x + 2y = 1 & 2 \end{array}$$

Erweitert man Gleichung 1) mit —3 und Gleichung 2) mit 2, so erhält man:

$$\begin{array}{r} -6x + 15y = -21 \\ 6x + 4y = 2 \end{array}$$

Die beiden Gleichungen werden addiert und es ergibt sich:

$$19y = -19 \text{ und somit } y = -1.$$

In gleicher Weise wird durch Erweitern von Gleichung 1) mit 2 und von 2) mit 5 für $x = 1$.

Die allgemeine Lösung von zwei linearen Gleichungen mit zwei Unbekannten

$$\begin{array}{l|r|r} a_1x + b_1y = c_1 & b_2 & -a_2 \\ a_2x + b_2y = c_2 & -b_1 & a_1 \end{array} \quad (a_1 \text{ heißt: a Index 1})$$

ergibt, nachdem man die Gleichungen mit den hinter den Vertikalstrichen stehenden Faktoren multipliziert und addiert hat, für

$$x = \frac{c_1b_2 - c_2b_1}{a_1b_2 - a_2b_1}; \qquad y = \frac{c_2a_1 - c_1a_2}{a_1b_2 - a_2b_1}.$$

Dafür gilt auch die Schreibweise:

$$x = \frac{\begin{vmatrix} c_1b_1 \\ c_2b_2 \end{vmatrix}}{\begin{vmatrix} a_1b_1 \\ a_2b_2 \end{vmatrix}}; \qquad y = \frac{\begin{vmatrix} a_1c_1 \\ a_2c_2 \end{vmatrix}}{\begin{vmatrix} a_1b_1 \\ a_2b_2 \end{vmatrix}}$$

Die einzelnen Ausdrücke werden als »Determinanten« bezeichnet. Ihren Wert bekommt man z.B. aus der Determinante $\begin{vmatrix} a_1b_1 \\ a_2b_2 \end{vmatrix}$, indem man von dem Produkt der Hauptdiagonale a_1b_2 das Produkt der Nebendiagonale a_2b_1 abzieht.

Potenzrechnung

Für das Produkt von mehreren gleichen Faktoren schreibt man zur Abkürzung eine Potenz.

$$a\,a\,a \ldots \text{(n-mal a)} = a^n = b$$

Hierbei ist: a die Grundzahl oder Basis

n die Hochzahl oder der Exponent

b der Potenzwert

a^n die n-te Potenz von a, 4^3 ist die dritte Potenz von 4.

Die Potenzgesetze lauten:

1) $a^n \cdot b^n = (a \cdot b)^n$

zu lesen: a hoch n mal b hoch n ist gleich a mal b in Klammer hoch n.

2) $\dfrac{a^n}{b^n} = \left(\dfrac{a}{b}\right)^n;$

zu lesen: a hoch n durch b hoch n ist gleich a durch b in Klammer hoch n.

3) $a^m \cdot a^n = a^{m+n}$,

zu lesen: a hoch m mal a hoch n ist gleich a hoch m plus n.

4) $\frac{a^m}{a^n} = a^{m-n}$, wenn $m > n$;

zu lesen: a hoch m durch a hoch n ist gleich a hoch m minus n, wenn m größer als n; z.B. $\frac{a^8}{a^5} = a^{8-5} = a^3$;

$$\frac{a^m}{a^n} = 1, \text{ wenn } m = n$$

$$\frac{a^m}{a^n} = \frac{1}{a^{n-m}}, \text{ wenn } m < n$$

zu lesen: a hoch m durch a hoch n ist gleich 1 durch a hoch n minus m wenn m kleiner als n; z.B. $\frac{a^5}{a^8} = \frac{1}{a^{8-5}} = \frac{1}{a^3}$;

5) $(a^m)^n = a^{m \cdot n}$

zu lesen: a hoch m in Klammer hoch n ist gleich a hoch m mal n.

Die Potenzfunktion $y = x^n$

A) Setzt man in der Potenzgleichung $b = a^n$ für den Exponent n eine positive ganze Zahl, z.B. 2 ($b = a^2$) und berechnet diese Gleichung für verschiedene Werte von a, so werden a und b veränderliche Größen. Diese werden meist mit x und y bezeichnet, so daß dann die Potenzgleichung lautet:

$$y = x^2$$

Eine derartige Zuordnung von zwei Veränderlichen nennt man Funktionsgleichung oder: y ist eine Funktion von x.

Da in der Gleichung $y = x^2$ der Wert für die Veränderliche x gewählt werden kann, ist x die »unabhängig Veränderliche« und y die »abhängig Veränderliche«.

Die graphische Darstellung dieser Potenzfunktion zweiten Grades im Koordinatensystem ergibt als Bild eine quadratische Parabel.

Im rechtwinkeligen Koordinatensystem ist die waagrechte Achse x die Abszissenachse und die senkrechte Achse y die Ordinatenachse.

I bezeichnet den ersten Quadranten, II den zweiten, III den dritten und IV den vierten Quadranten.

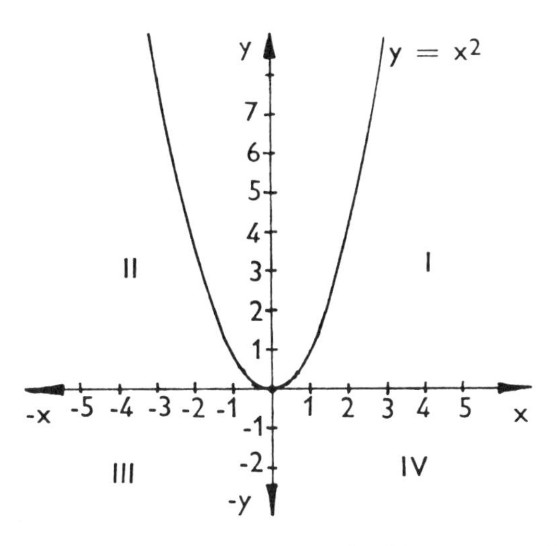

B) Wird in der Potenzgleichung $y = x^n$ der Exponent n eine negative ganze Zahl ($n = -1$), so lautet die Gleichung:

$$y = x^{-1} = \frac{1}{x}$$

Das Bild dieser Funktion ist eine gleichseitige Hyperbel, die aus zwei getrennten Kurvenästen besteht.

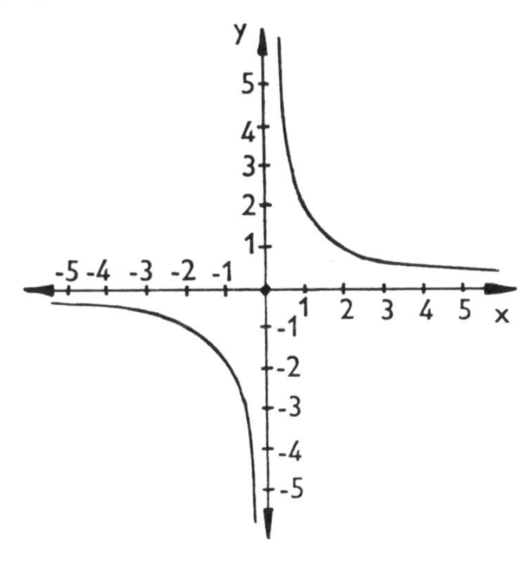

Da mit zunehmendem x nach der positiven und negativen Seite hin y immer kleiner wird und sich unbegrenzt der x-Achse nähert, ohne sie jedoch zu erreichen, heißt diese Gerade »Asymptote« (griechisch: die Nicht-Zusammenfallende).
Das Gleiche gilt, wenn sich x immer mehr dem Wert Null nähert, da dann y immer größer wird und sich die Kurve unbegrenzt der y-Achse nähert.

Wurzelrechnung

Sind a und n in der Potenzgleichung $b^n = a$ bekannt und soll b bestimmt werden, so geschieht dies mit der Rechnungsart »Wurzelziehen« oder auch »Radizieren«. Die Aufgabe wird dann geschrieben:

$$\sqrt[n]{a} = b$$

zu lesen: n-te Wurzel aus a ist gleich b.
Umgekehrt kann man auch sagen, daß also b die Zahl ist, die, in die n-te Potenz erhoben, a ergibt.

n ist der Wurzelexponent
a ist der Radikand
b ist der Wert der Wurzel

Bei der zweiten Wurzel läßt man meist den Exponenten weg und schreibt also:

$$\sqrt[2]{a} = \sqrt{a};$$

Dieser Ausdruck wird »Quadratwurzel« genannt, da sie aus dem Flächeninhalt des Quadrates die Seitenlänge liefert.

Entsprechend ergibt die »Kubikwurzel« $\sqrt[3]{a}$ aus dem Rauminhalt des Würfels (Kubus) die Kantenlänge.
Die n-te Wurzel aus a ist die Zahl, deren n-te Potenz a ergibt:

$$\sqrt[n]{a}^{\,n} = a$$

Daraus folgt, daß sich Radizieren und Potenzieren mit den gleichen Exponenten gegenseitig aufheben, d.h. Radizieren und Potenzieren sind entgegengesetzte Rechenarten.

Beispiel: $\sqrt[3]{125} = 5$, da $\left(\sqrt[3]{125}\right)^3 = 5^3$; $125 \equiv 125$

Rechengesetze für das Radizieren

1) Addition und Subtraktion

Nur gleiche Wurzeln, d.h. Wurzeln mit gleichen Radikanden und Exponenten lassen sich bei Addition und Subtraktion zusammenfassen:

$$3 \cdot \sqrt[5]{2} + 4\sqrt[5]{2} = 7\sqrt[5]{2};$$

zu lesen: dreimal fünfte Wurzel aus zwei plus viermal fünfte Wurzel aus zwei ist gleich siebenmal fünfte Wurzel aus zwei.

2) Multiplikation

$$\sqrt[n]{a} \cdot \sqrt[n]{b} = \sqrt[n]{a \cdot b};$$

zu lesen: n-te Wurzel aus a mal n-te Wurzel aus b ist gleich n-te Wurzel aus a mal b.

3) Division

$$\frac{\sqrt[n]{a}}{\sqrt[n]{b}} = \sqrt[n]{\frac{a}{b}};$$

zu lesen: n-te Wurzel aus a durch n-te Wurzel aus b ist gleich n-te Wurzel aus a durch b.

Beispiel: $\frac{\sqrt[3]{84}}{\sqrt[3]{7}} = \sqrt[3]{12}$; $\frac{\sqrt{a^8}}{\sqrt{a^6}} = \sqrt{a^2} = a$;

4) Potenzieren

$$\left(\sqrt[n]{a}\right)^m = \sqrt[n]{a^m};$$

zu lesen: n-te Wurzel aus a in Klammer hoch m ist gleich n-te Wurzel aus a hoch m.

Beispiel: $\left(\sqrt[3]{4}\right)^2 = \sqrt[3]{4^2} = \sqrt[3]{16}$;

Ein Wurzelausdruck kann erweitert werden, indem der Wurzelexponent und der Exponent des Radikanden mit der gleichen Zahl multipliziert wird:

$$\sqrt[n]{a^m} = \sqrt[pn]{a^{pm}};$$

zu lesen: n-te Wurzel aus a hoch m ist gleich p mal n-te Wurzel aus a hoch p mal m.

Durch die gleiche Zahl dürfen Wurzel- und Radikandexponent dividiert werden, falls beide Exponenten durch diese Zahl teilbar sind:

$$\sqrt[6]{5^2} = \sqrt[3]{5} ;$$

5) Mehrfache Wurzeln

$$\sqrt[m]{\sqrt[n]{a}} = \sqrt[m \cdot n]{a} = \sqrt[n]{\sqrt[m]{a}} ;$$

Beispiel: $\sqrt[4]{\sqrt[3]{a}} = \sqrt[3]{\sqrt[4]{a}} = \sqrt[12]{a} ;$

zu lesen: vierte Wurzel aus dritte Wurzel aus a ist gleich dritte Wurzel aus vierte Wurzel aus a ist gleich zwölfte Wurzel aus a.

Die quadratische Gleichung

$Ax^2 + Bx + C = O$

ist die allgemeine Form der Gleichung zweiten Grades.

Ax^2 ist das quadratische Glied,
Bx ist das lineare Glied
C ist das absolute Glied

Sonderfall: Ist $B = O$, so ist $Ax^2 + C = O$.

Diese Form heißt »reinquadratische Gleichung«. Da jede Quadratwurzel zweiwertig ist, lautet die Lösung:

$$x_1 = + \sqrt{-\frac{C}{A}} ; \quad x_2 = - \sqrt{-\frac{C}{A}} ;$$

Ist $C > O$ (C größer als O), so ist der Radikand negativ. Beide Wurzeln sind dann nicht mehr reell; man bezeichnet sie als »imaginär«.

Beispiel: $9x^2 + 16 = O; \quad x_{1/2} = \pm \sqrt{-\frac{16}{9}} = \pm \frac{4}{3} \sqrt{-1} ;$

Unter einer imaginären Zahl versteht man die Quadratwurzel aus einem negativen Radikanden. Imaginär bedeutet eingebildet oder unwirklich, da es keine reelle Zahl gibt, die in die zweite Potenz erhoben ein negatives Ergebnis liefert.

Eine imaginäre Zahl, z.B. $\sqrt{-a}$ läßt sich als Produkt einer reellen Zahl und dem Faktor $\sqrt{-1}$ darstellen.

$$\sqrt{-a} = \sqrt{a(-1)} = \sqrt{a} \cdot \sqrt{-1};$$

Die imaginären Zahlen entstehen also aus $\sqrt{-1}$ ebenso, wie die reellen Zahlen aus 1. Deshalb nennt man $\sqrt{-1}$ die »imaginäre Einheit« und bezeichnet sie mit »i«:

$$\sqrt{-1} = i; \qquad i^2 = (\sqrt{-1})^2 = -1$$

Die algebraische Summe aus einer reellen Zahl und einer imaginären Zahl heißt »komplexe Zahl«: $a + bi$.
Die Lösung der quadratischen Gleichung in der allgemeinen Form lautet:

$$Ax^2 + Bx + C = O; \qquad x^2 + \frac{B}{A}x = -\frac{C}{A};$$

Durch Hinzufügen einer bestimmten Größe erhält man auf der linken Seite ein vollständiges Quadrat:

$$x^2 + \frac{B}{A} + \left(\frac{B}{2A}\right)^2 = \left(\frac{B}{2A}\right)^2 - \frac{C}{A};$$

$\left(\frac{B}{2A}\right)^2$ ist das Zusatzglied und wird die »quadratische Ergänzung« genannt.

$$\left(x + \frac{B}{2A}\right)^2 = \frac{B^2 - 4AC}{(2A)^2}$$

Zieht man aus diesem Ausdruck die Wurzel:

$$x + \frac{B}{2A} = \pm \frac{1}{2A} \sqrt{B^2 - 4AC},$$

so ergibt sich die allgemeine Lösung:

$$x_{1/2} = \frac{1}{2A} \left(-B \pm \sqrt{B^2 - 4AC}\right)$$

Jede quadratische Gleichung besitzt also zwei Wurzeln.

Der Logarithmus

1) Begriff des Logarithmus.

Sind in der Potenzgleichung $a = b^n$, a und b gegeben, so ergibt sich für die Auflösung der Gleichung nach n die Form:

$$n = {}^b\log a;$$

zu lesen: n ist der Logarithmus von a zur Grundzahl b, oder kürzer: n ist der b-Logarithmus von a.

a ist der »Numerus«, b ist die »Basis« oder »Grundzahl«.

Der Logarithmus ist die Zahl, mit der man die Basis b potenzieren muß, um den Numerus a zu erhalten.

2) Rechengesetze für Logarithmen.

Der Logarithmus eines Produktes ist gleich der Summe der Logarithmen der einzelnen Faktoren:

$${}^b\log (p \cdot q) = {}^b\log p + {}^b\log q;$$

zu lesen: der b-Logarithmus von p mal q ist gleich dem b-Logarithmus von p plus b-Logarithmus von q.

Der Logarithmus eines Bruches ist gleich der Differenz der Logarithmen von Zähler und Nenner:

$${}^b\log \frac{p}{q} = {}^b\log p - {}^b\log q;$$

Der Logarithmus einer Potenz ist gleich dem Produkt aus dem Exponenten und dem Logarithmus der Grundzahl:

$${}^b\log p^n = n \cdot {}^b\log p$$

$${}^b\log \sqrt[n]{p} = \frac{1}{n} \cdot {}^b\log p$$

3) Die Logarithmensysteme.

Theoretisch kann jede positive Zahl als Basis eines Logarithmensystems verwendet werden. In praktischem Gebrauch sind jedoch nur zwei Systeme:

a) das »Zehner-System« mit der Basis 10, geschrieben lg.

Dieses System wird auch das Dekadische- oder Brigg'sche System genannt.

b) Das »natürliche System« mit der Basis e = 2,71828 . . ., symbolisch geschrieben ln (Abkürzung für: »logarithmus naturalis«).
Allgemein gebräuchlich ist das dekadische System, auf dem auch die Logarithmentafeln aufgebaut sind.
Das natürliche System spielt in der höheren Mathematik eine große Rolle.
Der Zusammenhang zwischen diesen beiden Systemen ergibt sich zu:

$$\lg x = \frac{\ln x}{\ln 10} = M \cdot \ln x; \; M = \frac{1}{\ln 10} = 0{,}43429 \ldots$$

M ist der »Modul« der dekadischen Logarithmen bezogen auf die natürlichen Logarithmen.

$$\ln x = \frac{\lg x}{\lg e} = \frac{1}{M} \cdot \lg x; \; \frac{1}{M} = 2{,}30258 \ldots$$ Modul der natürlichen Logarithmen bezogen auf die dekadischen Logarithmen.

$$\ln 10 = \frac{1}{\lg}$$

zu lesen: der natürliche Logarithmus von 10 ist gleich eins durch Logarithmus von e (2,71828 . . .).

4) Der Zehnerlogarithmus

$100 = 10^2$	$\lg 100 = 2$	$0{,}1 = 10^{-1}$	$\lg 0{,}1 = -1$
$10 = 10^1$	$\lg 10 = 1$	$0{,}01 = 10^{-2}$	$\lg 0{,}01 = -2$
$1 = 10^0$	$\lg 1 = 0$	$0{,}001 = 10^{-3}$	$\lg 0{,}001 = -3$

zum Beispiel: $\lg 54 = 1{,}7324$ $\quad \lg 0{,}54 = 0{,}7324 - 1$
$\lg 540 = 2{,}7324$ $\quad \lg 0{,}054 = 0{,}7324 - 2$

Jeder Logarithmus besteht aus zwei Teilen: einer positiven oder negativen ganzen Zahl, der »Kennziffer«, (in dem Beispiel: 1; 2; —1; —2) und einem echten Dezimalbruch, der »Mantisse« (im Beispiel: 7324).
Die Mantisse kann aus den Logarithmentafeln entnommen werden.
Um aus einer vierstelligen Tafel mit dreistelligen Numeri den Logarithmus von z.B. 6038 bestimmen zu können, muß man Werte »interpolieren« oder »zwischenschalten«.

$$\lg 6038; \quad \lg 6030 = 3.7803; \quad \lg 6040 = 3.7810;$$

Die »Tafeldifferenz« (Mantissendifferenz) ist also D = 7 Einheiten

$$\frac{10}{7} = \frac{8}{d}; \; d = \frac{7}{10} \cdot 8 = 5{,}6 \approx 6 \text{ Einheiten der letzten Stelle.}$$

Somit ist: lg 6038 = 3.7803 + 0,0006 = 3.7809

Zahlenreihen

Arithmetische und geometrische Folgen und Reihen.
Eine »Folge« ist eine gesetzmäßig gebildete Menge aufeinanderfolgender Zahlen. Die einzelnen Größen heißen »Glieder«.
Eine »Reihe« ist die Summe einer beliebigen Zahl von Gliedern einer Folge.

a) Arithmetische Folgen und Reihen
Eine arithmetische Zahlenfolge ist z. B.:

$$0{,}5;\; 1;\; 1{,}5;\; 2;\; 2{,}5;\; 3;$$

Ist jedes Glied größer als das vorhergehende (wie in diesem Beispiel) so heißt die Folge »steigend«. Ist dagegen jedes Glied der Folge kleiner als das vorhergehende, so heißt sie »fallend«.
Die arithmetische Reihe ergibt sich bei dem vorgenannten Beispiel zu:

$$0{,}5 + 1 + 1{,}5 + 2 + 2{,}5 + 3;$$

Die allgemeine Form der Zahlenfolge lautet:

$$a;\; a + d;\; a + 2\,d;\; \ldots\; a + (n - 1)\,d$$

Bei einer arithmetischen Folge ist die Differenz von unmittelbar aufeinanderfolgenden Gliedern konstant.
Die allgemeine Form der arithmetischen Reihe lautet:

$$a + (a + d) + (a + 2d) \ldots a + (n - 1)\,d$$

a ist das Anfangsglied
d ist die Differenz zwischen zwei aufeinanderfolgenden Gliedern
n ist die Anzahl der Glieder
Das n-te Glied (letzte Glied) ist: $z = a + (n - 1)\,d$
Die Summe s einer arithmetischen Reihe ergibt sich zu:

$$s = \frac{n}{2}\,(a + z);$$

b) Die endliche geometrische Reihe

Bei einer geometrischen Zahlenfolge hat der Quotient von zwei unmittelbar aufeinanderfolgenden Gliedern stets den gleichen Wert. Ist das Anfangsglied a und der konstante Quotient q, so ist das zweite Glied a q, das dritte $a\,q^2$, das vierte $a\,q^3$ und das n-te Glied:

$$a_n = a\,q^{n-1}$$

Beispiel: 2; 4; 8; 16 . . .; $q = 2$

Die Summe einer geometrischen Zahlenfolge ist die »geometrische Reihe«. Die Summenformel für n-Glieder lautet:

$$s_n = a\,\frac{1 - q^n}{1 - q}\text{ ; wenn q nicht gleich 1 ist } (q \neq 1)$$

c) Die unendliche geometrische Folge und Reihe.

1) Eine Zahlenfolge mit einer unbegrenzten Zahl von Gliedern heißt »unendliche Folge«, ihre Summe wird »unendliche Reihe« genannt. Kommt eine unendliche Zahlenfolge $a_1, a_2 \ldots a_n$ mit wachsendem n einer bestimmten endlichen Zahl A beliebig nahe, so sagt man, sie »konvergiert«.

Eine geometrische Folge konvergiert, wenn: $q > -1$; bzw. $q \leqq +1$; zu lesen: q größer als minus eins, bzw. q gleich oder kleiner plus 1.

Für diesen Vorgang gibt es verschiedene Ausdrucksweisen:

Die Folge der Glieder a_n konvergiert gegen A, strebt nach A, hat den »Grenzwert« A oder »Limes« A, für $n \to \infty$.

Symbolisch schreibt man dafür:

$$\lim_{n \to \infty} a_n = A.$$

Dieser Ausdruck wird gelesen: Der Limes von a_n ist A, wenn n über alle Grenzen wächst, oder: wenn n gegen unendlich geht.

(∞ bedeutet: beliebig groß werden)

Eine Zahlenfolge, die nicht konvergiert, heißt »divergent«. Sie divergiert, wenn $q > 1$ (q größer 1)

2) Die Summierung einer unendlichen geometrischen Folge zur Bildung einer Reihe hat nur dann einen Sinn, wenn sie einen festen endlichen Wert liefert. Um das festzustellen, bricht man die unendliche Reihe nach dem n-ten Glied ab und erhält so eine endliche Reihe mit n-Gliedern der Teilsumme s_n.

Beispiel: $1 + \frac{1}{2} + \frac{1}{4} + \frac{1}{8} + \frac{1}{16} + \ldots$

Die Summe für die endliche Reihe ergibt sich zu:

$$s_n = \frac{1 - (\frac{1}{2})^n}{1 - \frac{1}{2}} = 2 - (\tfrac{1}{2})^{n-1}$$

Die Folge der Teilsummen lautet:

$$s_1 = 2 - 1 = 1; \qquad s_3 = 2 - \tfrac{1}{4} = 1,75$$

$$s_2 = 2 - \tfrac{1}{2} = 1,5; \qquad s_4 = 2 - \tfrac{1}{8} = 1,875 \text{ usw.}$$

Aus diesen ersten Teilsummen ist zu ersehen, daß man sich mit wachsendem n der Zahl 2 beliebig nähert. Den Wert oder die Summe dieser unendlichen Reihe wird man daher mit 2 bezeichnen.

Trigonometrie

Die Trigonometrie benutzt die Winkelfunktionen zur Berechnung von Winkeln, Dreiecken und anderen Figuren. Die Beziehungen der Winkelfunktionen zueinander untersucht die »Goniometrie«.

1. *Das Gradmaß und Bogenmaß*

In einem Dreieck ist die Summe aller Winkel gleich 180° (° = Grad). Die einzelnen Winkel werden mit dem Anfangsbuchstaben des griechischen Alphabetes: α, β, γ, δ . . . bezeichnet.
Im »rechtwinkeligen Dreieck« ist immer ein »rechter Winkel« mit 90° vorhanden. Als Zeichen dafür gilt: ⦜ und für den allgemeinen Winkel: $\sphericalangle$

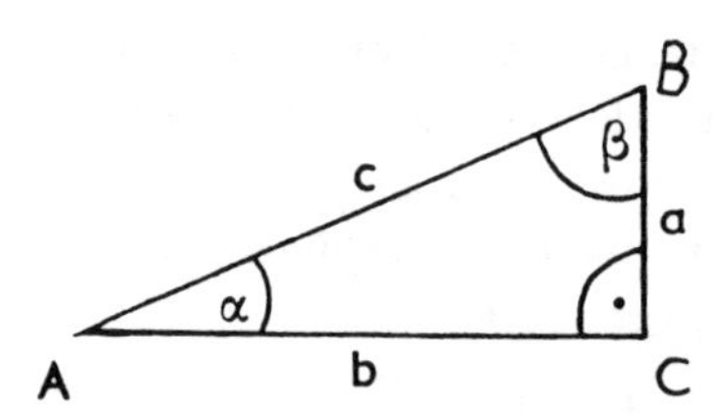

Die Strecke c (AB) ist die »Hypotenuse«, die Strecken a (BC) und b (AC) sind die »Katheten«. Vom Winkel α aus betrachtet ist b die »Ankathete« und a die »Gegenkathete«. α und β sind »spitze Winkel«.

Für das rechtwinkelige Dreieck gilt auch der »Lehrsatz des Pythagoras«: Das Quadrat über der Hypotenuse ist gleich der Summe der Quadrate über den Katheten.

$$c^2 = a^2 + b^2$$

Das Verhältnis $\frac{\text{Gegenkathete}}{\text{Hypotenuse}}$ hat einen bestimmten Wert, der ein Maß für den Winkel α ist. Man nennt ihn den »Sinus« des Winkels α und schreibt:

$$\sin \alpha = \frac{\text{Gegenkathete}}{\text{Hypotenuse}} = \frac{a}{c};$$

Auch das Verhältnis $\frac{\text{Ankathete}}{\text{Hypotenuse}}$ ist ein Maß für den Winkel α. Es ist der »Cosinus« des Winkels und wird geschrieben:

$$\cos \alpha = \frac{\text{Ankathete}}{\text{Hypotenuse}} = \frac{b}{c};$$

Auch die Verhältnisse $\frac{\text{Gegenkathete}}{\text{Ankathete}}$ und $\frac{\text{Ankathete}}{\text{Gegenkathete}}$ des rechtwinkeligen Dreiecks haben einen festen Wert, der ein Maß für den Winkel α ist. Wir nennen ihn »Tangens« bzw. »Cotangens« des Winkels α und schreiben:

$$\operatorname{tg} \alpha = \frac{\text{Gegenkathete}}{\text{Ankathete}} = \frac{a}{b} \qquad \operatorname{ctg} \alpha = \frac{\text{Ankathete}}{\text{Gegenkathete}} = \frac{b}{a};$$

Die numerischen Werte der trigonometrischen Funktionen $\sin \alpha$, $\cos \alpha$, $\operatorname{tg} \alpha$ und $\operatorname{ctg} \alpha$ können den »trigonometrischen Tafeln« entnommen werden.
Für andere Gebiete der Mathematik, vor allem der Analysis, ist das allgemein übliche Gradmaß, d. h. die Teilung eines Vollwinkels in 360° nicht mehr geeignet. Man benötigt hierfür ein anderes Maß und hat das »Bogenmaß« eingeführt, das so gewählt wird, daß es zum »Gradmaß« proportional ist.
Die Länge eines Kreisbogens vom Radius r und dem Mittelpunktwinkel α ist:

$$b = \frac{\pi r \cdot \alpha^\circ}{180^\circ} \quad \text{oder} \quad \frac{\pi \cdot \alpha^\circ}{180^\circ} = \frac{b}{r}$$

Diese Beziehung ist das neue Winkelmaß, das wie erwähnt, als »Bogenmaß von α« oder »arcus von α« (abgekürzt: arc α) bezeichnet wird. Häufig wird es auch als $\bar{\alpha}$ geschrieben und gelesen »α quer«.

$$\bar{\alpha} = \text{arc } \alpha = \frac{b}{r} = \frac{\pi}{180^\circ} \alpha^\circ = \frac{\text{Bogenlänge für den Mittelpunktswinkel } \alpha}{\text{Radius}}$$

Da das Bogenmaß der Quotient zweier Strecken ist, hat es keine Dimension; es ist eine unbenannte Zahl.
Für den Kreis mit dem Radius $r = 1$ ist die Bogenlänge:

$$b = \frac{\pi}{180^\circ} \alpha^\circ \text{ (gemessen in Längeneinheiten)}$$

Die Bogenlänge entspricht damit, abgesehen von der Benennung, dem Bogenmaß.

Flächenberechnungen

In Deutschland wird als Längenmaß der »Meter« *) (m) verwendet.
1 Meter (m) = 100 Zentimeter (cm) = 1000 Millimeter (mm)
1 mm = 1000 Mikron (μ); 1 m = 10 Dezimeter (dm)
1000 m = 1 Kilometer (km).

Die Flächenmaße lauten:
1 Quadratmeter (m^2 oder qm) = 100 Quadratdezimeter (dm^2 oder qdm) = 10000 Quadratzentimeter (cm^2 oder qcm)
1 cm^2 = 100 Quadratmillimeter (mm^2 oder qmm)
1 Quadratkilometer (km^2 oder qkm) = 100 Hektar (ha)
1 ha = 100 Ar (a).

*) *der* oder *das Meter;* immer: *der Kilometer, der Zentimeter;* Meter = »Messer« ist neutral: *das Barometer, das Thermometer*

Der Flächeninhalt F eines Quadrates ist das Produkt der Seiten a.

$F = a \cdot a; \; F = a^2$

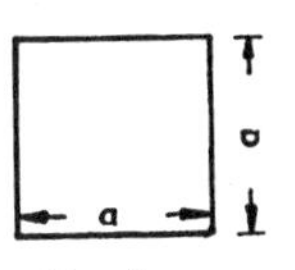

Quadrat

Für das Rechteck, den Rhombus (mit gleichen Seiten) und das Rhomboid (Rhombus mit zwei ungleichen Seitenpaaren), auch Parallelogamm genannt, gilt für die Berechnung der Fläche:

$F = g \times h$; g ist die Grundlinie
h ist die Höhe.

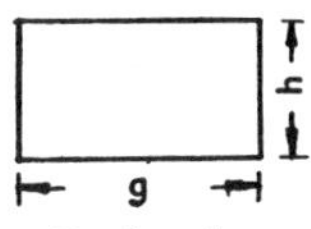

Rechteck

Daraus ergibt sich für die Grundlinie:

$$g = \frac{F}{h}$$

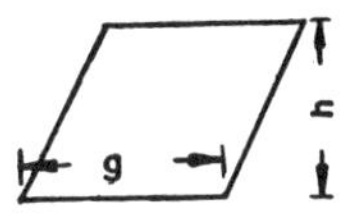

Rhombus

und für die Höhe:

$$h = \frac{F}{g}$$

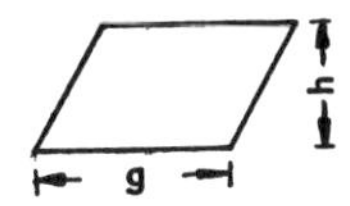

Rhomboid

Für das Trapez berechnet man die Fläche:

$$F = \frac{a + b}{2} h, \text{ und daraus } h = \frac{2\,F}{a + b};$$

$$a = \frac{2\,F}{h} - b; \quad b = \frac{2\,F}{h} - a.$$

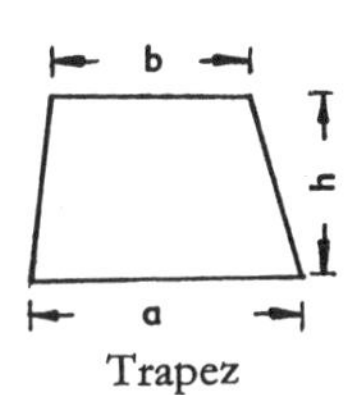

Trapez

Das Dreieck kann man sich zu einem Rechteck, Rhombus oder Parallelogramm ergänzt denken:

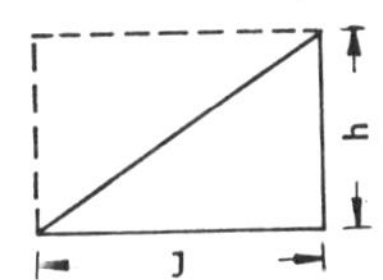

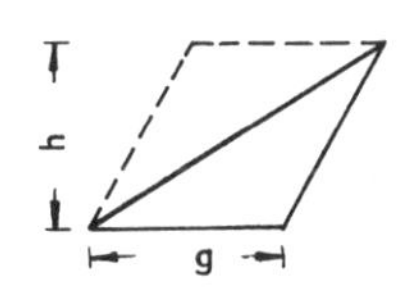

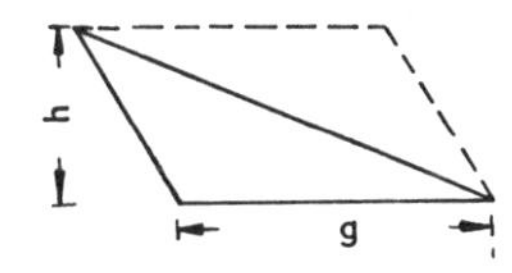

Somit ergibt sich:

$$F = \frac{g\,h}{2}; \qquad h = \frac{2\,F}{g}; \qquad g = \frac{2\,F}{h};$$

Der Kreis

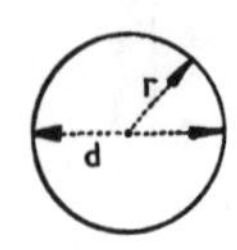

d = Kreisdurchmesser (Kreis-∅)
r = Radius oder Halbmesser
Der Umfang des Kreises ist:
$U = d \cdot \pi = 2\,r \cdot \pi$

π (Pi) ist das Symbol für den Kreisumfang mit dem Radius 0,5 (da hier $U = \pi$). π wird auch Ludolf'sche Zahl genannt. Ihr Wert beträgt: $3{,}14592\ldots \approx 3{,}14$;

$$F = \frac{d^2 \cdot \pi}{4} = r^2 \cdot \pi$$

Der Kreisring

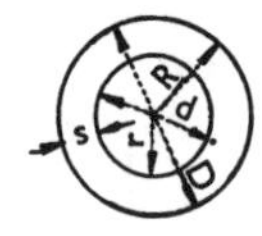

$s = R - r$; $F = (R^2 - r^2) \cdot \pi$, oder

$$F = (d + s)\, s \cdot \pi, \text{ oder } F = \frac{D^2 \cdot \pi}{4} - \frac{d^2 \cdot \pi}{4}$$

Berechnung des Rauminhaltes von Körpern

Für den Rauminhalt (auch: das Volumen) werden folgende Körpermaße verwendet:
1 Kubikmeter (m^3 oder cbm) = 1000 Kubikdezimeter (dm^3)
1 m^3 = 1 000 000 Kubikzentimeter (cm^3)
1 cm^3 = 1000 Kubikmillimeter (mm^3); 1 dm^3 = 1 Liter (l)
1 Hektoliter (hl) = 100 l

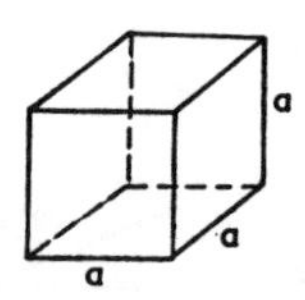

Das Volumen eines »Würfels« (Kubus) ist:
$V = a \cdot a \cdot a = a^3$

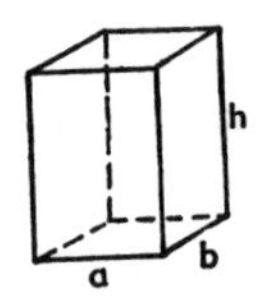

Das »Prisma« hat ein Volumen, das sich aus der Beziehung:
V = Grundfläche mal Höhe ergibt.
$V = ab \cdot h$ oder $V = F \cdot h$

Für die »Pyramide« gilt:

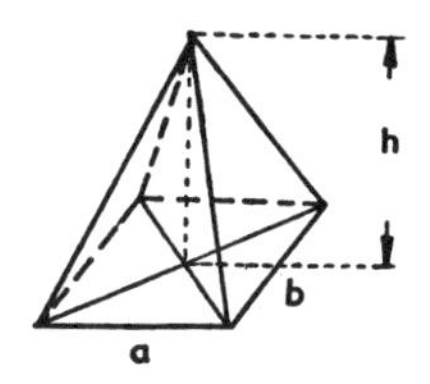

$$V = \frac{F \cdot h}{3}; \text{ d.h.:}$$

$$V = \frac{1}{3} \text{ mal Grundfläche mal Höhe}$$

Der »Kegel«

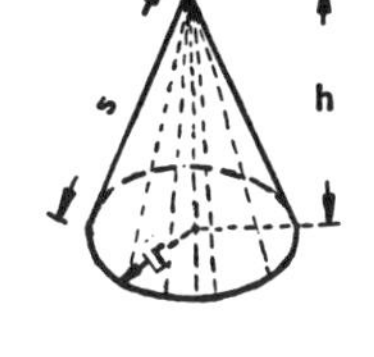

$$V = \frac{F \cdot h}{3} = \frac{2 r \pi \cdot h}{3};$$

Die »Mantelfläche« oder Oberfläche des Kegels ist:

$$M = \frac{d \cdot \pi \cdot s}{2}$$

Der »Zylinder« hat als Mantelfläche ein Rechteck;

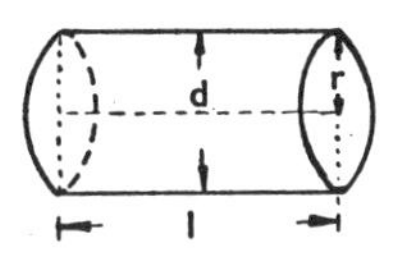

$$M = d \cdot \pi \cdot l$$
$$v = r^2 \cdot \pi \,.\, l$$

Beim »Hohlzylinder« ist die Mantelfläche wie beim Zylinder ein Rechteck. Das Volumen errechnet sich jedoch aus:

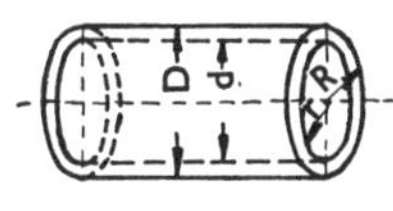

$$V = (R^2 - r^2) \cdot \pi \cdot l; \text{ oder}$$

$$V = \left(\frac{D^2 \cdot \pi}{4} - \frac{d^2 \cdot \pi}{4} \right) \cdot l$$

»Zylindrischer Ring«

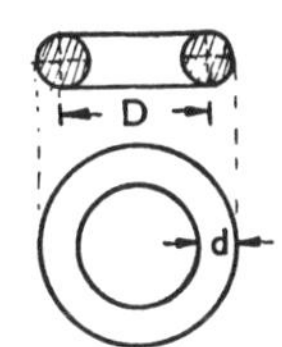

$$M = d \pi \cdot D \pi; \qquad V = \frac{d^2 \pi}{4} \cdot D \pi$$

Der Rauminhalt der »Kugel« ist:

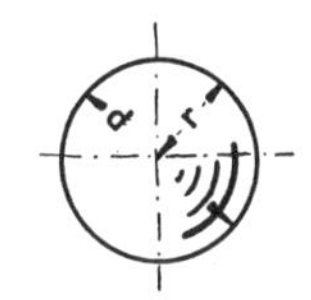

$$V = \frac{4}{3} r^3 \pi = \frac{d^3 \pi}{6}; \qquad V = 4{,}189 \cdot r^3$$

Mantelfläche: $M = d^2 \cdot \pi;$

Um das Gewicht eines Körpers ohne Abwiegen feststellen zu können, braucht man sein Volumen und das »spezifische Gewicht« oder die »Wichte« des Stoffes, aus dem der Körper besteht. Unter spezifischem Gewicht ist die Zahl zu verstehen, die angibt, wieviel Gramm 1 cm^3, wieviel Kilogramm 1 dm^3 und wieviel Tonnen 1 m^3 des Körpers wiegt.
Das spezifische Gewicht von Wasser bei einer Temperatur von 4°C (4 Grad Celsius) beträgt: 1,0; das heißt:
1 cm^3 Wasser wiegt 1 Gramm (g)
1 dm^3 = 1 l (Liter) Wasser wiegt 1 Kilogramm (kg) = 1000 g
1 m^3 Wasser wiegt 1 Tonne (t) = 1000 kg;
1 mm^3 Wasser wiegt 1 Milligramm (mg).
50 kg = 1 Zentner (z); 1 Doppelzentner (dz) = 2 z = 100 kg

TECHNIK UND HUMOR

Bei einem Eisenwerk wurde von der Firma B. eine große Anzahl Eisenträger bestellt. Wenig später will der Kunde den Auftrag rückgängig machen und telegraphiert an das Eisenwerk: »Streicht Eisenträger der Com. Nr. 123.« Das Werk antwortet: »Träger Com-Nr. 123 werden gestrichen.« Das Geschäft schien also erledigt.
Nach 6 Wochen trifft bei dem Kunden ein Waggon mit den Eisenträgern ein, alle »rot« mit Mennige (Rostschutzmittel) angestrichen. Der angestrengte Prozeß wurde verloren, und der Käufer mußte die Träger abnehmen. Das Gericht stand auf dem Standpunkt: Man sollte in diesem Falle nicht schreiben ›streichen‹, sondern ›annullieren‹.

*

Ein New-Yorker erzählt in einem D-Zug der Bundesbahn: »In den Staaten fahren die Züge viel schneller. Als ich vor einiger Zeit in einen Zug einstieg, der sich gerade in Bewegung setzte, wollte ich einem reizenden jungen Mädchen, das mich begleitet hatte, noch schnell einen Kuß geben. Ich steckte den Kopf vom Fenster heraus – und wen küßte ich? Eine alte Frau auf einer 30 km entfernt liegenden Haltestelle!«

Bei einer Zahnradbahn, bei der einmal ein Unfall vorgekommen war, sollten die Fahrgäste mit folgendem Anschlag in den Wagen beruhigt werden: »Zur Sicherung des Betriebes werden die Zähne der Zahnstange und der Lokomotive jeden Morgen mit Colgate-Zahnpasta geputzt.«

*

Benjamin Franklin, der Erfinder des Blitzableiters, erzählt aus seiner Jugend:
An einem frühen Morgen begegnete ich einem freundlich lächelnden Mann mit einer Axt auf der Schulter, der mich anhielt und fragte: »Mein lieber Junge, hat dein Vater einen Schleifstein?« »Ja, natürlich, mein Herr«, erwiderte ich. »Du bist ein netter kleiner Bursche«, sagte er, »darf ich mir da meine Axt schleifen?« »O ja, gewiß, mein Herr, der Schleifstein steht unten in der Werkstatt«, antwortete ich hocherfreut über die freundlichen Worte.
Er streichelte mir den Kopf und fragte, ohne auf die Antwort zu warten: »Wie alt bist du denn, und wie heißt du? Ich weiß bestimmt, du bist der beste Junge, den ich je getroffen habe. Willst du mir den Schleifstein für ein paar Minuten drehen?« Entzückt über die neue Schmeichelei machte ich mich mit großem Eifer an die Arbeit. Es war eine ganz stumpfe Axt und ich drehte mit aller Kraft und schuftete, bis ich fast zu Tode erschöpft war. Es wurde höchste Zeit in die Schule zu gehen, aber ich konnte nicht wegkommen. Meine Hände waren schon voller Blasen und die Axt noch nicht halb geschliffen.
Schließlich jedoch war sie scharf. Da wandte sich der Mann zu mir und sagte: »Na, du Strolch, du willst wohl die Schule schwänzen! Lauf schnell, oder ich werde dir Beine machen.«
Das war fast zuviel für mich. Erst den ganzen Morgen arbeiten und zum Lohn dafür ein Strolch und Schulschwänzer genannt werden.
Die Erinnerung an das Schleifsteindrehen an diesem Morgen prägte sich tief in mein Gedächtnis ein. Und jedesmal wenn ich jetzt Schmeichelworte höre, denke ich: »Dieser Mann hat eine Axt zu schleifen.«

*

Charlie Chaplin war zum 4. Male Vater geworden. Unter den Gratulanten fand sich auch Albert Einstein ein. Er beglückwünschte ihn sehr herzlich und stellte fest: »Das Großartigste an Ihrer Kunst, lieber Chaplin, ist Ihre Internationalität. Sie werden doch in allen Ländern verstanden.« – »Richtig«, erwiderte Chaplin, »aber Ihr Ruhm, verehrter Professor, ist noch weit merkwürdiger. Sie werden von der ganzen Welt bewundert, obgleich Sie kein Mensch versteht.«

*

Graf Bobby besucht einen astronomischen Vortrag im Planetarium, als der Professor am großen Fernrohr erklärte: »Das Licht des Sternes, den ich Ihnen jetzt zeigen werde, braucht 6 Stunden bis es zu uns kommt!« Graf Bobby schaut auf seine Uhr, schüttelt den Kopf und sagt: »Tut mir leid, Herr Professor, aber so lange kann ich nicht warten – wir essen immer um ½8 Uhr.«

*

Bei einer Prüfung für Industriefacharbeiter wird der junge Kandidat verschiedentlich über den Wirkungsgrad befragt und erklärt nach einiger Zeit, er kenne einen Fall, wo der Wirkungsgrad über 1 läge. Interessiert wartet der Prüfungsausschuß auf die sensationelle Enthüllung, und mit verschmitztem Lächeln sagte der Junge: »Wenn ein Bauer 10 Zentner Kartoffeln in sein Feld legt und 100 Zentner erntet, beträgt der Wirkungsgrad 1000%.«

*

Henry Ford fuhr in seinem Auto über Land. Auf der Straße bemerkt er einen Kraftfahrer, der sich vergeblich bemüht, seinen Wagen wieder in Gang zu bringen. Ford hält, besieht sich den Schaden und hat mit wenigen Handgriffen die Panne behoben. Mit herzlichen Worten bedankt sich der Kraftfahrer und drückt Ford einen Dollar in die Hand. »Lassen Sie nur«, sagt dieser und gibt den Dollar zurück. »Ich lebe in besten Verhältnissen.« »Was Sie nicht sagen«, wundert sich der Kraftfahrer, »warum fahren Sie dann einen Ford?«

*

Das Flugzeug ist startklar. Die Passagiere beginnen einzusteigen. »Halt«, ruft der Monteur. »Der Benzintank ist leck. Wir haben eine Stunde Verspätung«. »Eine Stunde Verspätung?« fragt ein junger Mann. »Da bekomme ich ja den Anschluß in Köln nicht mehr, und um 10 Uhr ist meine Hochzeit.« Durchdringend schaut da der Monteur den jungen Mann an. »Haben Sie vielleicht den Benzintank angebohrt?«

*

Eine Dame mußte ihr Auto vor einer Verkehrsampel stoppen. Als die Durchfahrt wieder frei ist, springt der Motor ihres Wagens nicht mehr an, trotz aller Bemühungen. Nervös hantiert sie an allen verfügbaren Hebeln und wird immer aufgeregter, da ein hinter ihr stehender Taxifahrer ungeduldig anfängt zu hupen. Plötzlich gibt sie ihre vergeblichen Bemühungen auf, steigt aus dem Wagen und geht zu dem noch immer wie wild hupenden Taxichauffeur. Mit einem bezaubernden Lächeln sagt sie zu ihm: »Ach, würden Sie wohl so liebenswürdig sein, meinen Wagen in Gang zu bringen? Ich will hier gerne so lange für Sie hupen!«

Wichtige Größen, die nach dem »Internationalen Einheiten-system (SI)« verwendet werden müssen (Auszug):

		Alte Einheit		SI-Einheit	
Größe	Zeichen	Name	Zeichen	Name	Zeich
Länge	l	Ångström	Å	Meter	m
Masse, Gewicht (Wägeergebnis)	m	pound Pfund	lb ℔	Kilogramm	kg
Kraft	F	Dyn Pond	dyn p	Newton	N
Kraft durch Fläche	p	phys. Atmosphäre techn. Atmosphäre Torr	atm at. Torr	Pascal	Pa
Arbeit Energie Wärmemenge	W E Q	PS-Stunde Erg Kalorie	PSh erg cal	Joule Joule	J J
Leistung Schein-, Blindleistung	P S Q	Pferdestärke	PS	Watt	W
Celsius-Temperatur Thermodynamische Temperatur	ϑ T	Grad Grad Kelvin	grd °K	Kelvin Kelvin	K K

Gesetzliche Einheit		Beziehung zu den Einheiten
Name	Zeichen	
Zentimeter Millimeter Mikrometer	cm mm μm	1 Å = 10^{-10} m
Gramm Tonne	g t	1 g = 10^{-3} kg
		1 N = 1 kgm/s² = 1 Ws/m 1 N = 1 J/m
Bar	bar	1 Pa = 1 N/m² = 1 kg/ms² = 1 J/m³ 1 bar = 10^5 Pa = 0,1 N/mm² 1 atm = 101 325 Pa = 1,01325 bar 1 at = 98 066,5 Pa = 0,980665 bar 1 Torr = $\frac{101325}{760}$ Pa = 1,333224 mbar
Kilowattstunde	kWh	1 J = 1 Nm = 1 Ws = 10^7 erg 1 kWh = 3,6 · 10^6 J = 3,6 MJ (Mega-J) 1 PSh = 2,6478 · 10^6 J
Voltampere Var	VA var	1 W = 1 J/s = 1 Nm/s = 1 kgm²/s³ 1 PS = 0,73549875 kW 1 VA = 1 W bei Scheinleistung
Grad Celsius	°C	$\vartheta = T - T_0$; $T_0 = 273{,}15$ K